卓越工程师培养计划
·电子技术·

模拟电子技术及其实训
（微课版）

主　编　左伟平
副主编　胡顺兴　肖姑冬　陈　磊　李建华
主　审　张建荣

U0217811

電子工業出版社.
Publishing House of Electronics Industry
北京·BEIJING

内 容 简 介

本书主要介绍模拟电子技术的基本概念、原理、实训及其应用。本书将知识和技能融为一体，共 5 个项目，主要包括常用半导体器件的识别与检测、直流稳压电源的安装与调试、音频放大电路的安装与调试、信号发生器的安装与调试、调功电路的安装与调试。

根据高职院校人才培养要求，本书主要以技术应用、能力培养为主线，以"实用、够用"为原则，以讲清概念、强化应用为重点，突出模拟电子技术基础理论的应用性和实践性，着重培养学生实际应用能力，满足岗位技能需求。每个项目都以任务驱动的方式来展开介绍知识和技能，并配有适量的任务训练和实训，以提高学生的实践动手能力和综合素质。

本书内容编排比较灵活，可以根据不同的专业选择教学内容，适用面较广，可作为高职院校和技工院校电气自动化技术、电子信息工程技术、工业机器人技术、机电一体化、数控技术、汽车维修技术等相关专业的教材，也可作为相关专业工程技术人员的培训教材和参考书。

图书在版编目（CIP）数据

模拟电子技术及其实训：微课版 / 左伟平主编 .

北京：电子工业出版社，2024.8. -- （卓越工程师培养计划）. -- ISBN 978-7-121-48686-9

Ⅰ. TN710

中国国家版本馆 CIP 数据核字第 2024P5P983 号

责任编辑：张剑（zhang@phei.com.cn）

印　　刷：涿州市京南印刷厂
装　　订：涿州市京南印刷厂
出版发行：电子工业出版社
　　　　　北京市海淀区万寿路 173 信箱　邮编　100036
开　　本：787×1092　1/16　印张：10.75　字数：275 千字
版　　次：2024 年 8 月第 1 版
印　　次：2024 年 8 月第 1 次印刷
定　　价：49.00 元

凡所购买电子工业出版社图书有缺损问题，请向购买书店调换。若书店售缺，请与本社发行部联系，联系及邮购电话：(010)88254888，88258888。

质量投诉请发邮件至 zlts@phei.com.cn，盗版侵权举报请发邮件至 dbqq@phei.com.cn。

本书咨询服务方式：zhang@phei.com.cn。

前　　言

　　"模拟电子技术及其实训"是一门实践性和应用性都很强的基础课程。本书严格按照高等职业教育对学生的培养目标和能力要求编写,在内容安排上主要以技术应用、能力培养为主线,以"实用、够用"为原则,以讲清概念、强化应用为重点,突出模拟电子技术基础理论的应用性和实践性,着重培养学生实际应用能力,满足岗位技能需求。每个项目都以任务驱动的方式来展开介绍知识和技能,并配有适量的任务训练和实训,以提高学生的实践动手能力和综合素质。

　　本书共 5 个项目,主要包括常用半导体器件的识别与检测、直流稳压电源的安装与调试、音频放大电路的安装与调试、信号发生器的安装与调试、调功电路的安装与调试。本书最大的特点是将知识和技能融为一体,能帮助学生提高分析和解决问题的能力,特别能为后续专业课程的学习、日后从事工程技术工作、开拓新技术领域和终身学习打下扎实的理论基础和实践基础。

　　本书结构清晰、通俗易懂,在适当的知识点和技能点中插入微课视频,打破了传统的文字教材讲解模式,学生通过手机扫描二维码即可观看视频,方便解决重点和难点的学习问题。在内容编写过程中,编者遵循循序渐进的原则,突出了元器件的符号、结构、特性和功能应用,淡化了电子元器件内部微观工作过程及复杂的数学公式推导和计算,注重实际应用,同时将新知识、新技术、新工艺和新方法融入其中,并对单元电路和整机电路进行了深度剖析,便于教学和自学。

　　本书由赣州职业技术学院左伟平担任主编,江西应用技术职业学院张建荣教授担任主审,赣州职业技术学院胡顺兴和肖姑冬、江西应用技术职业学院陈磊、江西环境工程职业学院李建华担任副主编。其中,肖姑冬编写了项目 1,左伟平编写了项目 2 和项目 3,胡顺兴编写了项目 4,陈磊和李建华编写了项目 5,全书由左伟平统稿。

　　模拟电子技术发展日新月异,新的半导体材料和器件不断更新,其在各行各业的应用十分广泛。由于编者水平有限,书中难免存在疏漏之处,恳请读者提出宝贵意见和建议,以便进行修订完善。

编　者

目　　录

项目1　常用半导体器件的识别与检测

任务1-1　半导体基本知识

微课

半导体
基本知识

 学习目标

☺ 了解半导体的基础知识。

☺ 了解 PN 结的形成。

☺ 理解 PN 结正偏和反偏的含义。

☺ 掌握 PN 结的单向导电性。

☺ 能识别常用二极管，会使用万用表检测二极管的极性和性能。

 思政目标

　　在我们日常生活和生产中用到的大部分电子产品，都是由电子元器件组成的。很多电子元器件都是用半导体材料制造的。半导体是目前制造电子元器件的核心材料，也是新型电子元器件研究的前沿，通过学习半导体材料基础知识培养学生科学探究的精神，了解电子科学与技术发展的重要基础是半导体材料，激发学生学习兴趣。

 工作任务

　　了解半导体材料的分类，掌握半导体的物理特性及晶体结构；理解掺杂半导体的导电原理和 PN 结的形成及单向导电性；识别常用二极管，用万用表检测二极管的极性和性能。

 任务分析

　　半导体的导电能力介于导体和绝缘体之间，半导体的物理特性和导电原理、PN 结的形成及单向导电性是学习半导体器件的基础。

相关知识

1. 半导体基础知识

　　物质按导电能力的强弱可分为导体、绝缘体和半导体三大类。半导体的导电能力介于导体和绝缘体之间。常用的半导体材料有硅（Si）和锗（Ge）等，它们都是四价元素，即每个原子都有 4 个价电子，图 1-1 所示为硅和锗简化原子结构模型图。

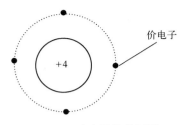

图 1-1　硅和锗简化原子结构模型图

半导体的导电能力随着掺入杂质、温度、光照等条件的变化会发生很大的变化，所以半导体具有热敏性、光敏性和杂敏性。这些特性直接决定半导体导电的可控性，也是制造二极管、三极管、场效应管、集成电路、热敏元件、光敏元件等电子元器件的基础。

本征半导体是一种完全纯净的、没有任何杂质的且结构完整的半导体单晶体，所以又称为纯净半导体。

当把硅或锗材料制成晶体时，它们是靠共价键的作用紧密联系在一起的。在这种晶体结构中，每个原子与相邻的四个原子之间构成共价键结构，如图 1-2 所示，其特征是每个价电子为相邻两个原子所共有。由于用作半导体材料的硅和锗必须是原子排列完全一致的单晶体，所以半导体管又称为晶体管。

在室温下，半导体中有些电子受热（或光照）的刺激，一些价电子获得一定能量后会挣脱束缚成为自由电子，使半导体材料具有了一定的导电能力，这种现象被称为本征激发。这时，在这些自由电子原有的位置上会留下相对应的空位置（称为空穴），空穴的出现是半导体区别于导体的一个重要特征，空穴因失掉一个电子而带正电，其电量与电子的电量相等，本征激发时，电子和空穴成对产生，称为电子-空穴对，如图 1-3 所示。也就是说，在激发出一个带负电的电子的同时，相应地产生一个带正电的空穴，由于本征半导体的电子-空穴对的数目比较少，浓度又低，所以本征半导体的导电能力很弱。

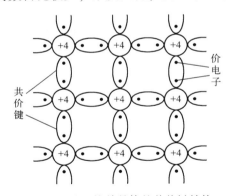

图 1-2　硅和锗单晶体的共价键结构

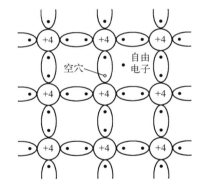

图 1-3　本征激发产生电子-空穴对

由于正、负电的相互吸引，空穴附近的电子会填补这个空位置，于是又会产生新的空穴，又会有相邻的电子来递补，如此进行下去就形成空穴运动。由热激发产生的自由电子和空穴是成对出现的，所以自由电子和空穴都是运载电荷的粒子，称为载流子。

2. P 型半导体和 N 型半导体

利用半导体的杂敏性，在本征半导体掺入微量的其他元素，可使半导体的导电能力发生明显变化。根据掺入杂质元素的不同，半导体可分为 P 型半导体（空穴型半导体）和 N 型半导体（电子型半导体）两大类。

1) P 型半导体

在硅（或锗）本征半导体中掺入微量三价元素，如硼（或铟）等，它就成为 P 型半导体。

由于硼原子只有 3 个价电子，当它取代半导体硅（或锗）原子在晶格中的位置时，与周围 4 个硅原子的价电子形成共价键。因其缺少 1 个价电子，如果其中 1 个共价键内出现 1 个空穴，那么相邻共价键中的价电子只要受到一点热或其他刺激，获得较小的能量，就很容易跳出来，去填补这个空穴，使硼原子成为不能移动的负离子。原来硅原子的共价键因缺少 1 个价电子而产生了空穴，如图 1-4 所示。

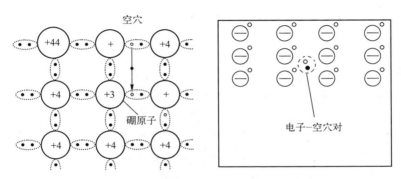

图 1-4　P 型半导体中的共价键结构

可见，硅半导体中每掺入 1 个硼原子，就会出现 1 个多余的空穴，硼原子在硅半导体中能接受电子，故其被称为受主杂质或 P 型杂质。控制掺入杂质的多少就可控制 P 型半导体中空穴数的多少。此外，P 型半导体中也存在本征激发而产生少量的电子–空穴对，然而在 P 型半导体中，空穴数比电子数要大得多，即空穴是多数载流子，电子是少数载流子。P 型半导体的导电性主要取决于空穴数，故又被称为空穴型半导体。

2) N 型半导体

在硅（或锗）本征半导体中掺入微量的五价元素，如磷（或锑）等，它就成为 N 型半导体。

由于掺入杂质的原子数与整个半导体的原子数相比数量非常少，因此半导体的晶体结构基本不变，只是晶格中某些硅（或锗）原子的位置被磷原子代替，磷原子有 5 个价电子，其中 4 个价电子与相邻的 4 个硅原子的价电子形成共价键后，必定还多 1 个价电子，如图 1-5 所示。这个多余的价电子虽不受共价键束缚，但仍受磷原子核的正电荷吸引，它只能在磷原子周围活动，不过它所受的吸引力比共价键的束缚作用要微弱得多，只要获取较小的能量就能挣脱磷原子核的吸引，成为自由电子。

由于磷原子在硅（锗）半导体中给出 1 个多余的电子，故称磷为施主杂质或 N 型杂质。当磷原子给出上个多余的价电子后就成为正离子，但它在产生 1 个自由电子的同时并不产生新的空穴，这是它与本征激发的不同点。在 N 型半导体中，除了杂质给出自由电子，其本身仍存在本征激发，产生电子–空穴对。N 型半导体因掺杂而增加了许多额外的自由电子，其自由电子数比空穴数多得多。自由电子称为多数载流子（简称多子），而空穴称为少数载流子（简称少子）。N 型半导体以自由电子导电为主，故又被称为电子型半导体。

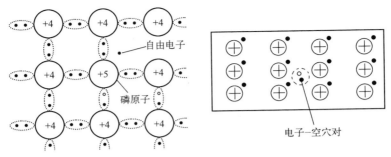

图 1-5　N 型半导体中的共价键结构

3. PN 结及其单向导电性

1）PN 结的形成

采用特殊制作工艺，将 P 型半导体和 N 型半导体紧密地结合在一起，在两种半导体的交界面上就会形成一个具有特殊导电性能的薄层，这个薄层称为 PN 结。

当 P 型半导体（又称 P 区）和 N 型半导体（又称 N 区）结合在一起时，在它们的交界面上就出现了电子和空穴的浓度差，P 区中的空穴是多数载流子，电子是少数载流子；N 区中的电子是多数载流子，空穴是少数载流子。电子和空穴都要从浓度高的地方向浓度低的地方运动，这就是扩散运动。P 区中的空穴向 N 区扩散后留下不能移动的负离子；N 区中的电子向 P 区扩散后留下不能移动的正离子，如图 1-6 所示。

如图 1-7 所示，用+、–分别表示带正电和带负电的离子，这些带电离子在 P 区和 N 区的交界面上形成一个空间电荷区，这就是 PN 结。在空间电荷区内，多子已扩散到对方并复合掉（电子与空穴结合后同时消失的过程称为复合），不再存在载流子，所以 PN 结又叫耗尽层（载流子在此消耗殆尽）。在出现空间电荷区以后，在正、负离子的作用下形成了电场，其方向由 N 区指向 P 区。这电场是由多子的扩散运动产生的，不是外加电压造成的，故称它为内电场。显然，内电场对多数载流子的扩散起着阻碍作用，所以又称 PN 结为阻挡层或势垒层。但内电场有助于 N 区和 P 区的少数载流子的运动，并且少数载流子在内电场的作用下定向运动，形成漂移运动。在一定条件下，漂移运动和扩散运动达到动态平衡，PN 结处于相对稳定的状态。

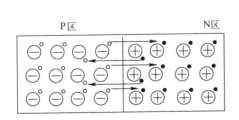

图 1-6　载流子的扩散运动

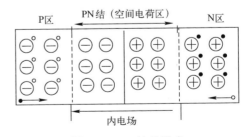

图 1-7　PN 结的形成

2）PN 结的单向导电性

PN 结无外加电压时，载流子的扩散与漂移处于动态平衡，阻挡层的厚度一定，内电场的强度也一定，流过 PN 结的电流为零。实际工作中的 PN 结总是加有一定的电压。当外加电压的极性不同时，PN 结的导电性能截然不同，呈现单向导电性，这也是 PN 结的基本特性。

（1）外加正向电压，PN 结导通。通常我们将加在 PN 结上的电压称为偏置电压。若 PN 结外加正向电压（P 区接电源的正极，N 区接电源的负极，或者 P 区电位高于 N 区电位），则称为正向偏置，简称正偏，如图 1-8 所示。这时外加电压 U_F 在 PN 结上形成外电场，其方向与内电场方向相反，使空间电荷区变窄，于是多数载流子的扩散运动增强，形成较大的扩散电流，其方向由 P 区流向 N 区，称为正向电流 I_F。在一定范围内，外加电压 U_F 越大，正向电流 I_F 越大，PN 结呈低阻导通状态，理想状态下相当于开关闭合。为了限制过大的 I_F 而导致 PN 结损坏，回路中还串入了限流电阻。

（2）外加反向电压，PN 结截止。若 PN 结加反向电压（P 区接电源负极，N 区接电源正极，或者 P 区电位低于 N 区电位），则称为反向偏置，简称反偏，如图 1-9 所示。这时外电场的方向与内电场的方向相同，使空间电荷区变宽，于是多子的扩散运动难以进行，此时流过 PN 结的电流主要是由少数载流子的漂移运动形成的，其方向由 N 区流向 P 区，称为反向电流 I_R。当温度不变时，少数载流子的浓度不变，因此反向电流 I_R 几乎不随外加电压 U_R 变化，故又称为反向饱和电流 I_S。在常温下，少数载流子的浓度很低，所以反向电流很小，一般可以忽略，PN 结呈高阻截止状态，理想状态下相当于开关断开。

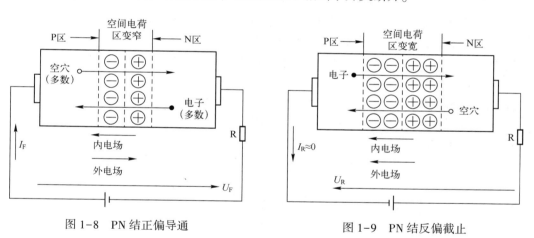

图 1-8　PN 结正偏导通　　　　　　　　图 1-9　PN 结反偏截止

由上面分析可知，PN 结正偏时呈导通状态，正向电阻很小，正向电流很大；PN 结反偏时呈截止状态，反向电阻很大，反向电流很小。这就是 PN 结的单向导电性。需要指出的是，当反向电压超过一定数值时，反向电流将急剧增加，发生反向击穿现象，这时 PN 结的单向导电性就会被破坏。

任务实施

了解半导体独特的物理特性、理解半导体的晶体结构，以及分析 N 型半导体和 P 型半导体的导电原理、PN 结的形成及单向导电性。

 任务训练

1. 课前预习（选择题）

（1）纯净的半导体掺入微量杂质后，导电能力会明显减弱。（　　）

（2）掺杂半导体中的少数载流子浓度大于本征半导体中的载流子浓度。（　　）

（3）半导体的电阻会随温度的升高而增大。（　　）

（4）如果在 N 型半导体中掺入足够的三价元素，那么可以将其改变成 P 型半导体。（　　）

（5）P 型半导体带正电，N 型半导体带负电。（　　）

（6）PN 结正向偏置时电阻小，反向偏置时电阻大。（　　）

2. 基本训练

（1）半导体受光照后，其导电性能（　　）。

　A. 增强　　　　　　B. 减弱　　　　　　C. 不变　　　　　　D. 不一定

（2）当环境温度升高时，半导体的导电能力（　　）。

　A. 增强　　　　　　B. 减弱　　　　　　C. 不变　　　　　　D. 不一定

（3）半导体中的空穴数和自由电子数相等，这样的半导体称为（　　）。

　A. P 型半导体　　　B. 本征半导体　　　C. N 型半导体　　　D. 掺杂半导体

（4）本征半导体又称为（　　）。

　A. 掺杂半导体　　　B. 纯净半导体　　　C. P 型半导体　　　D. N 型半导体

（5）在掺杂半导体中，多数载流子的浓度主要取决于（　　）。

　A. 温度　　　　　　B. 掺杂工艺　　　　C. 杂质浓度　　　　D. 晶体缺陷

（6）对 PN 结外加正向电压，其效果是（　　）。

　A. 使内电场增强　　　　　　　　　　B. 使空间电荷区加宽

　C. 使漂移容易进行　　　　　　　　　D. 使扩散容易进行

（7）PN 结最大的特点是具有（　　）。

　A. 导电性　　　　　B. 单向导电性　　　C. 绝缘性　　　　　D. 负阻性

（8）PN 结外加正向电压时，其扩散电流（　　）漂移电流。

　A. 大于　　　　　　B. 等于　　　　　　C. 小于

3. 讨论

（1）电子导电和空穴导电有何区别？空穴电流是不是自由电子替补空穴所形成的呢？

（2）P 型半导体和 N 型半导体是怎样形成的？

（3）PN 结的内电场是怎样产生的？它对扩散运动和漂移运动分别起什么作用？

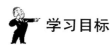

任务 1-2　认识二极管

微课

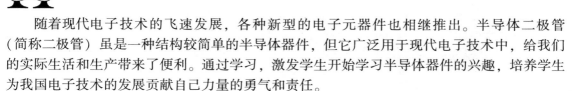

认识二极管

 学习目标

☺ 了解二极管的结构、符号和类型。
☺ 掌握二极管的导通、截止条件。
☺ 理解二极管的 U–I 特性和主要参数。

 思政目标

随着现代电子技术的飞速发展，各种新型的电子元器件也相继推出。半导体二极管（简称二极管）虽是一种结构较简单的半导体器件，但它广泛用于现代电子技术中，给我们的实际生活和生产带来了便利。通过学习，激发学生开始学习半导体器件的兴趣，培养学生为我国电子技术的发展贡献自己力量的勇气和责任。

子任务 1-2-1　二极管结构、类型和特性

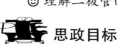 工作任务

了解二极管的内部结构、符号和类型；理解二极管的 U–I 特性，掌握其主要参数。

 任务分析

二极管是结构简单的电子元器件，它内部只有一个 PN 结，其主要特性是单向导电性，深度理解其 U–I 特性可以为今后学习其他半导体器件打下坚实的基础。

 相关知识

1. 二极管的结构与符号

如图 1-10（a）所示，在一个 PN 结的两端，各引一根电极引线，并用外壳封装起来，就构成了半导体二极管。由 P 区引出的电极称为阳极（正极），用字母"A"表示；由 N 区引出的电极称为阴极（负极），用字母"K"表示。图 1-10（b）所示为二极管的电路符号图。

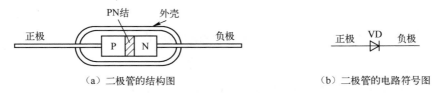

（a）二极管的结构图　　　　　　　　　（b）二极管的电路符号图

图 1-10　二极管的结构与电路符号图

2. 二极管的类型

二极管的种类很多，按制造材料可分为硅二极管和锗二极管；按结构、工艺可分为点接触型二极管、面接触型二极管等；按用途可分为整流二极管、稳压二极管、开关二极管、发光二极管和光电二极管等。其中，整流二极管和开关二极管统称为普通二极管，其他的二极管称为特殊二极管；按工作的电流大小可分为大电流管和小电流管；按二极管耐压高低可分为高压管和低压管；按二极管工作频率高低可分为高频管和低频管；按二极管在电路板上的安装方式可分为针插二极管和贴片二极管。图 1-11 所示为常见二极管的外形图。

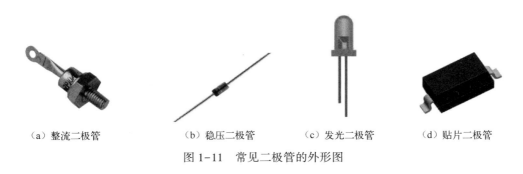

（a）整流二极管　　　　　　（b）稳压二极管　　　　（c）发光二极管　　　　（d）贴片二极管

图 1-11　常见二极管的外形图

3. 二极管的 *U–I* 特性

二极管两端电压（*U*）与其内部电流（*I*）之间的对应关系曲线称为二极管的 *U–I* 特性（又称伏安特性）曲线。图 1-12 所示为硅、锗二极管的 *U–I* 特性曲线。

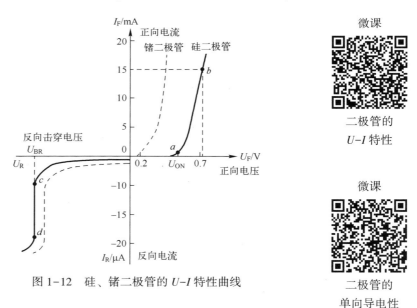

图 1-12　硅、锗二极管的 *U–I* 特性曲线

微课

二极管的
U–I 特性

微课

二极管的
单向导电性

1）正向特性

从图 1-12 中可以看出，当二极管两端所加正向电压（又称正向偏置）较小时，还不足以克服 PN 结内电场对多数载流子运动的阻挡作用，所以这一区段二极管的正向电流 I_F 非常

小，二极管不能导通，我们把开始出现电流的电压称为阈值电压（又称开启电压）U_{ON}，通常硅二极管的阈值电压约为 0.5V，锗二极管的阈值电压约为 0.1V。当外加正向电压低于阈值电压时，正向电流几乎为零。

当外加正向电压超过阈值电压时，正向电流开始增大，二极管的正向电阻变得很小；在 b 点之后，只要电压略有增加，电流就急剧增大，二极管处于正向导通状态。导通时二极管的正向压降变化不大，硅二极管约为 0.7V，锗二极管约为 0.3V。这一区段称为正向导通区。

2）反向特性

当二极管两端外加反向电压（又称反向偏置）时，二极管处于反向截止状态，由于只有少数载流子的漂移运动，反向电流 I_R 很小，而且反向电压增大时，反向电流基本保持不变，则称为反向饱和电流。一般硅二极管约为几到几十微安，锗二极管约为几十到几百微安。这一区段称为反向截止区。

3）击穿特性

当外加反向电压过高且高于反向击穿电压 U_{BR} 时，反向电流在 d 点之后会突然剧增，二极管失去单向导电性，这种现象称为反向击穿。击穿时对应的电压称为反向击穿电压 U_{BR}，这一区段称为反向击穿区。由于二极管发生反向击穿时，反向电流会急剧增大，一般会造成"热击穿"，若不加以限制，则不能恢复原来性能，将造成二极管永久性损坏。

4. 半导体二极管的主要参数

半导体二极管的主要参数及其意义如下。

1）最大整流电流 I_{FM}

最大整流电流 I_{FM} 是指二极管长期工作时，允许通过的最大正向平均电流。实际工作时，二极管通过的电流不应超过这个数值，否则将导致二极管过热而损坏。

2）最高反向工作电压 U_{BRM}

最高反向工作电压 U_{BRM} 是指二极管反向击穿时的电压值。超过这一数值时，二极管将会被击穿，故在选用时应保证反向工作时所加反向电压不能超过 U_{BRM}，并尽量留有一定的裕量，以免二极管烧毁。

3）最大反向电流 I_{RM}

最大反向电流 I_{RM} 是指二极管在常温下承受最高反向工作电压 U_{BRM} 时的反向漏电流，其值越小，说明二极管的单向导电性越好。但其受温度影响较大，当温度升高时，I_{RM} 显著增大。

4）反向恢复时间 t_{re}

二极管从正向导通转为反向截止存在转换过程，称为反向恢复过程，t_{re} 是指反向恢复过程所经历的时间。反向恢复时间的存在，使二极管的开关速度受到限制。

5）最高工作频率 f_M

最高工作频率 f_M 是指二极管的上限频率。超过此值时，由于 PN 结电容的作用，二极管将不能很好地体现单向导电性。二极管内部 PN 结电容越大，则工作频率越低，一般小电流二极管的最高工作频率 f_M 高达几百兆赫兹，而大电流二极管的 f_M 只有几千赫兹。

任务实施

了解二极管的内部结构、符号和类型，充分理解其 U–I 特性和工作区。

 任务训练

1. 课前预习

（1）二极管是线性元器件。（   ）

（2）二极管内部实质就是一个 PN 结。（   ）

（3）一般来说，硅二极管的死区电压小于锗二极管的死区电压。（   ）

（4）二极管的反向饱和电流越大，二极管的质量就越好。（   ）

（5）二极管仅能通过直流电，不能通过交流电。（   ）

（6）二极管在一定条件下可以双向导通。（   ）

（7）二极管加正向电压时一定导通。（   ）

（8）二极管加反向电压时一定截止。（   ）

2. 基本训练

（1）当硅二极管两端加上 0.4V 正向电压时，该二极管相当于（   ）。

A. 立即导通　　　　　　　　　B. 到 0.3V 时才开始导通

C. 超过死区电压时才开始导通　　D. 不导通

（2）在电路中测量某二极管的正极和负极电位，其结果分别是 3V 和 10V，则可判断该二极管（   ）。

A. 反偏截止　　　B. 正偏导通　　C. 零偏　　　　D. 已损坏

（3）当加在硅二极管两端的正向电压从 0 开始逐渐增加时，硅二极管（   ）。

A. 立即导通　　　　　　　　　B. 到 0.3V 才开始导通

C. 超过死区电压时才开始导通　　D. 不导通

（4）硅二极管的导通电压是（   ）。

A. 0.3V　　　　　B. 0.5V　　　　C. 0.7V　　　　D. 1V

（5）二极管的 U–I 特性反映了（   ）。

A. I_D 与 U_D 之间的关系　　　　B. 单向导电性

C. 非线性　　　　　　　　　　　D. 线性

（6）某二极管的反向击穿电压为 150V，则其最高反向工作电压（   ）。

A. $\approx$150V　　B. $\geqslant$150V　　C. =75V　　　D. =300V

（7）下列参数中，不是二极管的主要参数的是（   ）。

A. 电流放大系数　　　　　　　B. 最大整流电流

C. 最高反向工作电压　　　　　D. 反向电流

（8）当环境温度升高时，二极管的反向电流将（   ）。

A. 增大　　　　B. 减小　　　C. 不变　　　　D. 大小不稳定

3. 能力训练

在图 1-13 所示的硅二极管电路中，已知输入直流电压 U_I = 10V，试求输出电压 U_0（设

二极管工作在理想状态)。

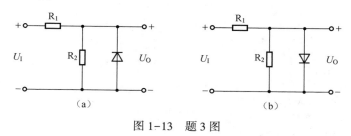

图1-13 题3图

4. 讨论

（1）如何使用万用表的电阻挡判别二极管的极性和性能好坏？

（2）为什么二极管的反向电流与外加反向电压基本无关，而当环境温度升高时会明显增大？

（3）把一节1.5V的干电池直接接到二极管的两端，会发生什么情况？

子任务 1-2-2　二极管的应用

工作任务

充分利用二极管的 U-I 特性分析二极管在电路中的工作状态和作用。

任务分析

二极管的应用范围很广，利用它的单向导电性，可组成整流、检波、限幅、钳位等电路，还可用它来构成其他元器件或电路的保护电路，以及在数字电子技术中可作为开关元件等。在实际电路工作中，二极管正向导通时，其两端的电压一般恒定保持在0.7V（硅二极管）或0.3V（锗二极管）；有时为了分析电路方便，一般可将二极管视为理想元件，即认为只要加在二极管的正向电压稍大于零，它就导通，其管压降为0V，相当于开关闭合；当二极管反向截止时，其内部电阻可看成是无穷大，相当于开关断开，反向饱和电流可忽略不计。

> **【例题1-1】** 硅二极管电路如图1-14所示，试分别计算在二极管的实际工作状态和理想工作状态时回路电流 I_D 和输出电压 U_O。

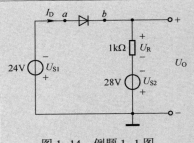

图 1-14 例题 1-1 图

解：（1）首先判断二极管是导通状态还是截止状态。假设先将二极管从电路中移开，分别计算 a、b 两点的电压，由图 1-14 可知：

$$U_a = -24\text{V} \qquad U_b = -28\text{V}$$

因为 $U_a > U_b$，且 $U_a - U_b = -24 - (-28) = 4\text{V} > 0.5\text{V}$，所以二极管正向导通。

（2）二极管实际工作状态时的电路计算。

由于二极管正向导通，其管压降 $U_F = 0.7\text{V}$，故

$$I_D = \frac{U_R}{R} = \frac{-U_{S1} - U_F + U_{S2}}{R} = \frac{(-24 - 0.7 + 28)\text{V}}{1\text{k}\Omega} = 3.3\text{mA}$$

$$U_O = I_D R - U_{S2} = 3.3\text{mA} \times 1\text{k}\Omega - 28\text{V} = -24.7\text{V}$$

（3）二极管理想工作状态时的电路计算。

由于理想二极管正向导通，其管压降 $U_F = 0\text{V}$，故

$$I_D = \frac{U_R}{R} = \frac{-U_{S1} - U_F + U_{S2}}{R} = \frac{(-24 - 0 + 28)\text{V}}{1\text{k}\Omega} = 4\text{mA}$$

$$U_O = -U_{S1} = -24\text{V}$$

【例题 1-2】 图 1-15（a）所示的限幅电路中，已知 $u_i = 10\sin\omega t\text{V}$，$U_{S1} = U_{S2} = 5\text{V}$，假设二极管为理想元件，试画出输出电压 u_o 的波形图。

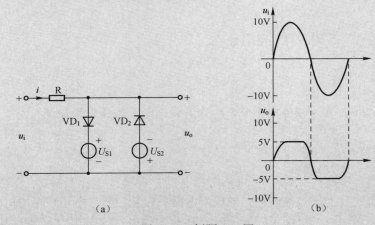

图 1-15 例题 1-2 图

解：（1）当 $-U_{S2} < u_i < U_{S1}$ 时，VD_1、VD_2 都处于反向偏置状态且截止，所以 $i = 0$，$u_o = u_i$。

（2）当 $u_i > U_{S1}$ 时，VD_1 处于正向偏置且导通，VD_2 处于反向偏置且截止，这时输出电压 $u_o = +U_{S1}$。

（3）当 $u_i < -U_{S2}$ 时，VD_2 处于正向偏置且导通，VD_1 处于反向偏置且截止，这时输出电压 $u_o = -U_{S2}$。

（4）综合以上分析，输出电压被限制在$+U_{S1}$与$-U_{S2}$之间，即$|u_o|\leqslant5V$，这样输出电压就被限制了，好像将输入信号的高峰和低谷部分削掉一样，因此这种电路称为削波电路，又称为限幅电路。输出电压u_o的波形如图1-15（b）所示。

【例题1-3】 图1-16（a）所示的二极管半波整流电路中，已知交流输入电压$u_i=\sqrt{2}U\sin\omega t\text{V}$，假设二极管为理想元件，试求：

（1）画出负载电阻R_L上的电压波形。

（2）负载电阻R_L上的电压平均值U_0和电流平均值I_0。

（3）分析二极管承受的最高反向电压U_{BRM}。

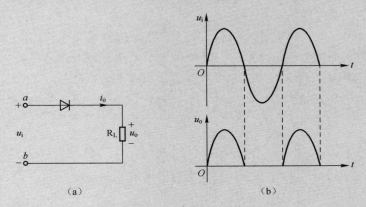

图1-16　例题1-3图

解：（1）当输入电压u_i的正半周到来时，即a点为"+"、b点为"-"，二极管处于正偏导通状态，负载电阻R_L上的电压$u_o=u_i$；当输入电压u_i的负半周到来时，即a点为"-"、b点为"+"，二极管处于反偏截止状态，此时$u_o=0$，输出电压u_o的波形如图1-16（b）所示。

（2）负载电阻R_L上的电压平均值U_0就是输出电压u_o在一个周期内的平均值，即

$$U_0=\frac{1}{2\pi}\int_0^{2\pi}u_o\mathrm{d}\omega t=\frac{1}{2\pi}\int_0^{\pi}\sqrt{2}U\sin\omega t\mathrm{d}\omega t$$

$$=\frac{\sqrt{2}U}{2\pi}|-\cos\omega t|_0^{\pi}$$

$$=\frac{\sqrt{2}U}{2\pi}$$

$$=0.45U$$

负载电阻R_L上的电流平均值I_0为

$$I_0=\frac{U_0}{R_L}=\frac{0.45U}{R_L}$$

（3）二极管的最高反向电压 U_{BRM} 为二极管在截止时所承受反向电压的最大值，即

$$U_{BRM} = \sqrt{2}\, U$$

【例题1-4】 在图1-17所示的钳位电路中，假设 VD_1、VD_2 为理想二极管，已知输入端 A、B 的电位分别为 0V、3V 或 3V、0V，试求输出端 Y 的电位 U_Y。

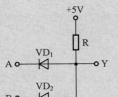

图 1-17　例题 1-4 图

解：（1）当输入端 A、B 的电位分别为 0V、3V 时，二极管 VD_1 承受正向电压而导通，如果忽略正向压降，则输出端 Y 的电位被钳位在 0V；由于 B 端的电位为 3V，又因 VD_1 先导通，所以二极管 VD_2 承受反向电压而截止。

（2）当输入端 A、B 的电位分别为 3V、0V 时，与上述情况相反，二极管 VD_2 承受正向电压而导通，如果忽略正向压降，则输出端 Y 的电位被钳位在 0V；由于 A 端的电位为 3V，又因 VD_2 先导通，所以二极管 VD_1 承受反向电压而截止。

（3）综合上述两种情况，均使输出端 Y 的电位 U_Y 为 0V。

 任务实施

利用二极管的 $U\text{-}I$ 特性分析其工作状态及其应用电路的功能。

 任务训练

1. 试判断图1-18中二极管是导通状态还是截止状态，并求出 A、O 两端电压 U_{AO}（设二极管为理想的）。

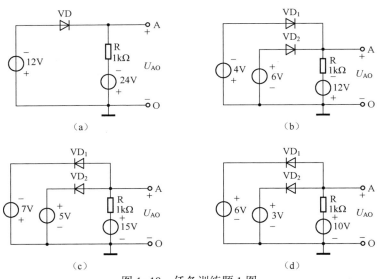

图 1-18　任务训练题 1 图

2. 在图 1-19 所示的电路中，VD_1 和 VD_2 为理想二极管，已知 $U_1 = U_2 = 2V$，$u_i = 4\sin\omega t\,V$。试画出输出电压 u_o 的波形。

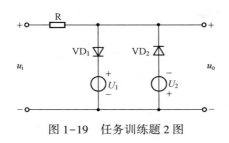

图 1-19 任务训练题 2 图

子任务 1-2-3 特殊二极管

工作任务

识别不同类型的特殊二极管，理解其工作特性，掌握其实际应用。

任务分析

在电子电路中，常用特殊二极管来实现各种电路功能，一般有稳压二极管、发光二极管、光电二极管、光耦合器等。

相关知识

1. 稳压二极管

稳压二极管又称为齐纳二极管，简称稳压管，是一种采用特殊工艺制造而成的面接触型硅二极管，在电路中能起到稳定电压的作用。稳压管的电路符号和 U-I 特性曲线如图 1-20 所示。

稳压管主要工作在反向击穿区域，其特性和普通二极管类似。但它的反向击穿是可逆的，只要击穿后反向电流不超过极限值，稳压管就不会发生"热击穿"。它反向击穿后的特性曲线比较陡直，即反向电压基本不随反向电流变化而变化，这就是稳压管的稳压特性。

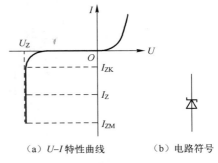

（a）U-I 特性曲线　　　　（b）电路符号

图 1-20 稳压管的电路符号和 U-I 特性曲线

稳压管的主要参数如下。

1）稳定电压 U_Z

稳定电压 U_Z 也称击穿电压，是稳压管正常工作时其上所加的反向电压。

2）稳定电流 I_Z

稳定电流 I_Z 是稳压管正常工作时流过其上的电流。

3）最小稳定电流 I_{ZK}

最小稳定电流 I_{ZK} 是稳压管进入正常稳压状态所必需的起始电流，小于此值，稳压管无法进入击穿状态，从而起不到稳压作用。

4）最大稳定电流 I_{ZM}

最大稳定电流 I_{ZM} 是允许流过稳压管的最大工作电流。稳压管使用时一般需要串联限流电阻，以确保工作电流不超过最大稳定电流 I_{ZM}。

5）动态电阻 r_Z

动态电阻 r_Z 指稳压管两端电压的变化量 ΔU_Z 与通过电流 ΔI_Z 的变化量之比，即

$$r_Z = \frac{\Delta U_Z}{\Delta I_Z} \tag{1-1}$$

式（1-1）中，r_Z 越小，说明 ΔI_Z 引起的 ΔU_Z 变化越小，可见，动态电阻越小，稳压管的性能就越好。

2. 发光二极管

发光二极管（LED）是一种将电能转换成光能的半导体器件，应用广泛，其电路符号如图 1-21（a）所示。根据所用材料不同，LED 可发出红、绿、黄、蓝、橙等不同颜色的光。另外，有些特殊的 LED 还可以发出不可见光或激光。LED 的 U–I 特性与普通二极管相似，但正向导通电压稍大，一般为 1.5～2.5V。

LED 的外形如图 1-21（b）所示。一般引脚引线较长者为正极，较短者为负极。若管帽上有凸起标志，则靠近凸起标志的引脚为负极。有的 LED 有三个引脚，根据引脚电压情况可发出不同颜色的光，其电路符号及结构如图 1-21（c）所示。

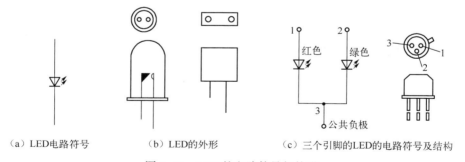

（a）LED 电路符号　　　（b）LED 的外形　　　（c）三个引脚的 LED 的电路符号及结构

图 1-21　LED 的电路符号与外形

LED 常用作显示器件，除了单个使用，还可以制造成数码管，即数码显示器。图 1-22 所示为常见七段数码管的电路图和外形图。

3. 光电二极管

光电二极管又称光敏二极管。它的基本结构是一个 PN 结，但 PN 结的接触面积较大，可以通过外壳上的一个窗口接收入射光。图 1-23 所示为光电二极管的电路符号和外形图。

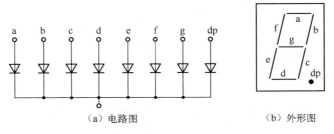

（a）电路图   （b）外形图

图 1-22 常见七段数码管的电路图和外形图

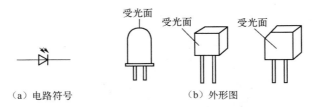

（a）电路符号   （b）外形图

图 1-23 光电二极管的电路符号和外形图

光电二极管工作在反向偏置状态，当无光照时，其反向电流很小，称为暗电流；当有光照时，其反向电流增大，称为光电流。光电流不仅与入射光的强度有关，而且与入射光的波长有关。如果制成受光面积大的光电二极管，则可作为一种能源，称为光电池。

在遥控电路中，利用 LED 和光电二极管的有效配合，可实现远红外线遥控电路，如图 1-24 所示。

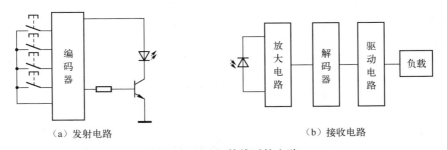

（a）发射电路   （b）接收电路

图 1-24 远红外线遥控电路

当按下发射电路中某一按钮时，编码器电路产生调制的脉冲信号，并由 LED（发出不可见光）转换成光脉冲信号发射出去。接收电路中的光电二极管将光脉冲信号转换为电信号，经放大、解码后，由驱动电路驱动负载做出相应的控制动作。

4. 光耦合器

光耦合器是由发光器件和光电器件（如光电二极管或光电三极管）组合制造而成的一种器件，如图 1-25 所示。将电信号加到器件的输入端，LED 发光，光电二极管（或光电三极管）受到光照后输出光电流。这样，通过"电-电"的转换，就将电信号从输入端传送到输出端。由于输入与输出之间是用光进行耦合的，所以具有良好的电隔离性能和抗干扰性能，并可作为光电开关器件，应用相当广泛。

图 1-25　光耦合器

利用二极管的 $U\text{-}I$ 特性分析其工作状态及其应用电路的功能。

1. 课前预习

（1）光电二极管和 LED 都应接反向电压。（　　　）

（2）稳压管稳压时工作在正向偏置状态。（　　　）

（3）光电二极管和 LED 使用时都应接反向电压。（　　　）

（4）LED 可用于指示电路通断。（　　　）

（5）光电二极管可以接收可见光。（　　　）

2. 基本训练

（1）稳压管的稳压性能是利用（　　　）实现的。

A. PN 结的单向导电性　　　　　　　B. PN 结的反向击穿特性

C. PN 结的正向导通特性　　　　　　D. PN 结的截止区

（2）工作在反向击穿状态的二极管是（　　　）。

A. 一般二极管　　　　　　　　　　B. 稳压管

C. LED　　　　　　　　　　　　　D. 光电二极管

（3）LED 工作时，应（　　　）。

A. 加正向电压　　　　　　　　　　B. 加反向电压

C. 不加电压　　　　　　　　　　　D. 加正向电压或加反向电压

（4）交通信号灯采用的是（　　　）。

A. LED　　　　　　　　　　　　　B. 光电二极管

C. 稳压管　　　　　　　　　　　　D. 普通二极管

3. 能力训练

（1）两只硅稳压管的稳定电压分别为 $U_{Z1} = 5V$，$U_{Z2} = 8V$，若将它们串联起来，则可以得到几种稳定电压？各为多少？若将它们并联起来呢？

（2）在图 1-26 所示的电路中，稳压管 VD_Z 的稳定电压 $U_Z = 5V$，输入电压 $u_i = 10\sin\omega t\,V$，$R_L \gg R$，试画出输出电压 u_o 的波形（设二极管 VD 工作在理想状态）。

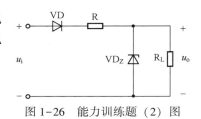

图 1-26　能力训练题（2）图

实训1 二极管的识别与检测

微课

二极管的
检测

 **实训要求**

☺ 能识别常见二极管的种类。
☺ 会使用万用表判断二极管极性和质量好坏。

 实训器材

☺ 数字式万用表1块。
☺ 各种二极管若干。

 实训内容

1. 二极管的识别

二极管的正负极、规格、类别和制造材料一般可以通过二极管外壳上的标识和查阅手册来判断。例如，1N4007二极管通过外壳上的颜色标识判断正、负极，通过查阅晶体管手册可知它是整流二极管。对于2CW15，通过查阅晶体管手册可知它是稳压管，稳压值通常为7~8V。常见二极管有整流二极管、稳压管和LED。

1）整流二极管

整流二极管是一种用于将交流电转变为脉动直流电的半导体器件。图1-27所示为常用的整流二极管的实物图。

（a）小功率整流二极管　　　（b）大功率整流二极管　　　（c）整流桥堆

图1-27　常用的整流二极管的实物图

2）稳压管

图1-28所示为常用的稳压管的实物图。

（a）小功率稳压管　　　　　　　（b）大功率稳压管

图1-28　常用的稳压管的实物图

3）LED

LED 是一种将电能转换成光能的半导体器件，它与普通二极管一样都是由 PN 结构成的，也具有单向导电性，其内部采用磷化镓或磷砷化镓材料制作而成，与普通二极管的不同之处是 LED 工作时可以发出红、绿、蓝、橙等不同颜色的光。图 1-29 所示为常用 LED 的实物图。

（a）圆形LED   （b）矩形LED

图 1-29　常用 LED 的实物图

2. 二极管的检测

二极管的检测主要是判断其正负极和检测性能的好坏。我们以数字式万用表检测二极管为例来介绍二极管的检测方法，具体操作如下。

1）二极管的极性判别

首先将数字式万用表的量程选择开关拨至"——▷├——"挡，红表笔插入"V．Ω"插孔，黑表笔插入"COM"插孔，如图 1-30 所示。

（a）选择合适量程开关   （b）正确连接好表笔

图 1-30　选择合适的量程

如图 1-31 所示，将数字式万用表的红黑两个表笔分别接整流二极管的两端，测量整流二极管正向和反向数值，如果数字式万用表显示 555，则说明整流二极管正向导通压降为 555mV；反之，则显示为 1。在显示 555 的情况下，红表笔所接触的一端为整流二极管的正极，黑表笔所接触的一端为整流二极管的负极。如果数字式万用表显示为 1，则说明整流二极管正向导通压降为无穷大，此时黑表笔所接触的一端为整流二极管的正极，红表笔所接触的一端为整流二极管负极。

2）检测二极管的性能好坏

首先将数字式万用表的量程选择开关拨至"——▷├——"挡，红表笔插入"V．Ω"插孔，黑表笔插入"COM"插孔，如图 1-32 所示。

（a）显示为555的情况　　　　　　（b）显示为1的情况

图 1-31　用数字式万用表判别整流二极管的极性

（a）选择合适量程开关　　　　　　（b）正确连接好表笔

图 1-32　选择合适的量程

　　如图 1-33 所示，将数字式万用表的红黑两个表笔分别接整流二极管的正极和负极，若此时数字式万用表显示 557 左右的正向值，则调换红黑两个表笔再进行测量，数字式万用表显示的反向值应为 1，说明整流二极管质量完好；若数字式万用表显示的正、反向值都为 0 或 1，则说明整流二极管内部击穿或开路。

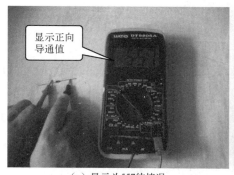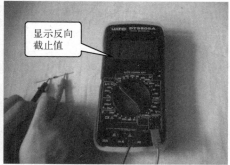

（a）显示为557的情况　　　　　　（b）显示为1的情况

图 1-33　用数字式万用表判别整流二极管的质量好坏

（c）正、反向值为0的情况　　　　　　　（d）正、反向值为无穷大的情况

图 1-33　用数字式万用表判别整流二极管的质量好坏（续）

综上所述，可知性能好的整流二极管的反向值要比正向值大几百倍，如果两次测得的正、反向值都为 0 或为 1，则说明该整流二极管内部击穿或开路，出现这两种情况说明整流二极管已永久性损坏，不能使用。试将测试结果填入实训报告中的表 1-1。

《二极管的识别与检测》实训报告

班级_____　姓名_____　学号_____　成绩_____

一、根据实训内容填写表 1-1

表 1-1　二极管的识别与检测实训结果

序号	二极管型号	正向导通压降/mV	反向值情况	质量（好/坏）
1				
2				
3				
4				

二、根据实训内容完成下列简答题

1. 如何通过目测识别不同类型的二极管？试举例说明。

2. 为什么要根据二极管的单向导电性来判断二极管的极性和质量好坏？简述其原因。

三、巩固练习

1. 用数字式万用表测量二极管质量好坏时，如果正、反向值都显示数字"1"，则说明
（　　）。

A. 二极管内部击穿　　　　　　B. 二极管内部开路

C. 二极管质量完好　　　　　　D. 数字式万用表已烧坏

2. 用数字式万用表测试二极管时，若显示 0.550~0.700，则可判断该二极管是（　　　）。
A. 硅管　　　　　　B. 锗管　　　　　　C. 内部短路　　　　　　D. 内部开路

3. 把电动势为 1.5V 的干电池的正极直接接到一个普通二极管的正极，负极直接接到硅二极管的负极，此时该二极管会（　　　）。
A. 基本正常　　　　B. 击穿　　　　　　C. 烧坏　　　　　　D. 电流为零

任务 1-3　认识三极管

微课

认识三极管

 学习目标

（1）了解三极管的结构、分类、型号及主要用途。
（2）熟悉三极管的符号、特性及主要参数。
（3）理解三极管的放大原理及特性曲线。
（4）能根据三极管各电极的电位判断半导体三极管的工作状态。
（5）能识别常用三极管，会使用万用表检测半导体三极管的极性、类型和性能。

 思政目标

半导体三极管（又称晶体三极管，简称三极管）在电子电路中应用广泛，使用灵活，它是构成模拟电子技术和数字电子技术的核心器件。通过深入学习三极管的三个工作区和两大功能，提升学生创新思维和创新能力，培养学生实事求是的科学态度和主动探究的精神，树立学生学好电子技术技能的信心和服务经济社会发展的决心。

工作任务

了解半导体三极管的结构、分类、型号及主要用途。掌握三极管的放大原理、特性曲线和主要参数。学会识别不同类型的三极管，用万用表检测半导体三极管的极性、类型和性能。

任务分析

三极管是电子电路中常用的半导体器件，其放大原理是学习模拟电子技术的基础。扎实掌握三极管的输入特性、输出特性和三个工作区有助于电子电路的分析和计算，学会识别和检测三极管能为电子电路设计、安装、测试和维修打下基础。

 相关知识

1. 三极管的结构与类型

（1）三极管的结构、类型与电路符号。

三极管的内部结构是制作在一起的两个 PN 结，根据这两个 PN 结的组合方式，三极管分为 NPN 型和 PNP 型两大类型。图 1-34 所示为三极管的结构和电路符号。

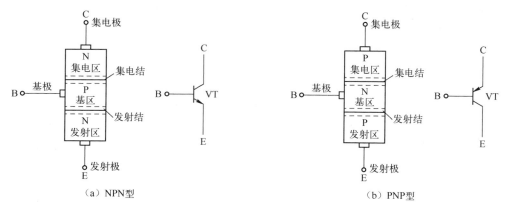

（a）NPN型　　　　　　　　　　　　　　　　　　　　（b）PNP型

图 1-34　三极管的结构和电路符号

三极管内部有三个区，分别是基区、集电区和发射区。从这三个区分别引出三个电极，分别是基极、集电极和发射极。

发射区和基区之间的 PN 结称为发射结，集电区和基区之间的 PN 结称为集电结。三极管的制造有特殊的工艺要求，分别是发射区掺杂浓度较大，有利于向基区发射较多的载流子；基区很薄，掺杂少，为的是让载流子易于通过；集电区体积比发射区体积大，掺杂少，便于收集载流子和散热。

三极管电路符号中的箭头方向表示发射结正向偏置时电流的方向，因此，从它的方向即能判断三极管是 NPN 型还是 PNP 型。

（2）三极管的外形。

三极管具有三个电极，这也就是"三极管"简称的来历。各类三极管的外形图如图 1-35 所示。

（a）普通塑封三极管

（b）金属封装大功率三极管

（c）金属封装三极管

（d）功率三极管

（e）塑料封装大功率三极管

（f）贴片三极管

图 1-35　各类三极管的外形图

（3）三极管的分类。

① 按内部结构不同，三极管可分为 NPN 型和 PNP 型。

② 按所用半导体材料不同，三极管可分为硅管和锗管。

③ 按工作频率不同，三极管可分为高频管（工作频率≥3MHz）和低频管（工作频率<3MHz）。

④ 按功率不同，三极管可分为小功率管（耗散功率<1W）和中功率管（耗散功率≥1W）。

⑤ 按用途不同，三极管可分为普通放大管和开关三极管。

2. 三极管的放大原理

三极管的主要特点是能实现电流放大功能。电流放大的实质是用基极电流微小的变化去控制集电极电流较大的变化。

（1）三极管的放大工作条件。

为了实现三极管的电流放大作用，除了三极管内部结构上的特点，还必须具备一定的外部条件，也就是必须在三极管的发射结加正向偏置电压，集电结加反向偏置电压。NPN 型三极管与电源接法如图 1-36（a）所示。三个电极的电位应符合 $U_C>U_B>U_E$。PNP 型三极管接入电源的极性与 NPN 型三极管接入电源的极性相反，如图 1-36（b）所示，三个电极的电位应符合 $U_C<U_B<U_E$。

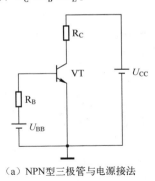 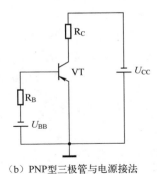

（a）NPN型三极管与电源接法　　　　（b）PNP型三极管与电源接法

图 1-36　三极管的放大工作电压

（2）三极管的电流放大作用。

图 1-37 所示为三极管电流放大原理图。为保证三极管的放大条件，电源 U_{BB} 和电阻 R_b 满足发射结加正向偏置；电源 U_{CC} 和电阻 R_C 满足集电结加反向偏置。三极管的电流放大作用可以通过调节电位器 R_b 来改变基极电流 I_B，可分别用微安表和毫安表测量三极管各极电流 I_B、I_C、I_E。

经过实验，我们可以得出以下结论。

① 三极管三个电极的电流满足发射极电流是基极电流与集电极电流之和，即

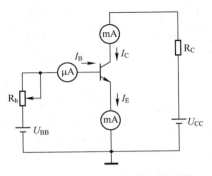

图 1-37　三极管电流放大原理图

$$I_E = I_C + I_B \tag{1-2}$$

式（1-2）符合基尔霍夫节点电流定律。

② 三极管三个电极电流中，基极电流 I_B 很小，而 I_C 与 I_E 相差无几，可认为近似相等，即

$$I_C \approx I_E \tag{1-3}$$

③ I_C 与 I_B 的关系，对于一个确定的三极管，I_C 与 I_B 的比值基本不变，该比值称为共发射极直流电流放大系数，记作 $\bar{\beta}$，即

$$\bar{\beta} = \frac{I_C}{I_B} \tag{1-4}$$

④ 基极电流的微小变化（ΔI_B）能引起集电极电流很大的变化（ΔI_C），因此称为三极管的电流放大。ΔI_C 与 ΔI_B 的比值称为共发射极交流电流放大系数，记作 β，即

$$\beta = \frac{\Delta I_C}{\Delta I_B} \tag{1-5}$$

一般情况下，同一只三极管的 $\beta \approx \bar{\beta}$，故在工程上 β 和 $\bar{\beta}$ 不必严格区分，估算时可以通用。β 的大小表明了三极管的电流放大能力的大小，这种放大能力实质上是 I_B 对 I_C 的控制能力，因为三极管的基极电流 I_B 和集电极电流 I_C 都来自电源，三极管本身是不能放大电流的。

$I_B = 0$ 时，I_C 有一个很微小的电流，近似为零。此电流称为三极管的穿透电流，记作 I_{CEO}。锗管的穿透电流为 μA 级，硅管的穿透电流为 μA 级。

根据以上分析可以得知，I_E 是由 I_B 和 I_C 组成的，**电流放大并非电流自行放大，而是集电极电流受基极电流的控制，基极一个小电流的变化，会引起集电极一个较大电流的变化，从而实现以弱控强。**三极管放大电路中，I_C 随 I_B 的变化而变化的过程，称为三极管的电流放大。由此可见，三极管是一种具有电流放大作用的半导体器件。

【例题 1-5】 某三极管共发射极放大电路中，三极管的基极电流 $I_B = 0.06\text{mA}$，集电极电流 $I_C = 3\text{mA}$。

（1）发射极电流 I_E 为多少？

（2）共发射极直流电流放大系数 $\bar{\beta}$ 为多少？

（3）若基极电流增大到 $I_B = 0.09\text{mA}$，集电极电流增大到 $I_C = 6\text{mA}$，则试求共发射极放大电路的交流电流放大系数 β。

解：根据三极管电流放大原理，可得

（1）$I_E = I_B + I_C = 0.06\text{mA} + 3\text{mA} = 3.06\text{mA}$

（2）$\bar{\beta} = \dfrac{I_C}{I_B} = \dfrac{3\text{mA}}{0.06\text{mA}} = 50$

（3）$\beta = \dfrac{\Delta I_C}{\Delta I_B} = \dfrac{6\text{mA} - 3\text{mA}}{0.09\text{mA} - 0.06\text{mA}} = 100$

---

3. 三极管的 U-I 特性曲线

三极管的 U-I 特性曲线全面反映了三极管各极电压与电流之间的关系，是分析三极管

各种电路的重要依据。反映各种三极管 $U–I$ 特性曲线的形状相似，但由于种类不同差异很大，使用时可查阅有关半导体器件手册或用晶体管特性图直接观察，也可用实验方法测量得到。

（1）三极管的输入特性曲线。

在图 1-37 所示的电路中，基极电流 I_B 所经过的回路称为输入回路，而把 U_{CE} 当常数时，基极、发射极之间的电压 U_{BE} 与基极电流 I_B 之间的关系称为三极管的输入特性，即

$$I_B = f(U_{BE}) \mid U_{CE} = 常数 \qquad (1-6)$$

三极管的输入特性曲线如图 1-38 所示，由此可以看出，三极管的输入特性曲线是非线性的，它与二极管的正向特性很相似，也有一段死区（硅管约 0.5V，锗管约 0.1V）。当三极管正常工作时，三极管处于导通区，发射结压降变化不大，此时发射结所加的电压 U_{BE} 称为导通电压（硅管为 0.6~0.7V，锗管为 0.2~0.3V）。在导通区，基极电流 I_B 随发射结电压 U_{BE} 的变化而变化。由图 1-38 还可以看出，当 U_{CE} 增大时曲线向右移，即 U_{BE} 略有增加，但 U_{CE} 大于 1V 之后曲线基本重合。

（2）三极管的输出特性曲线。

在图 1-37 所示的电路中，集电极电流 I_C 所经过的回路称为输出回路，当 I_B 为常数时，集电极电流 I_C 与集极、发射极之间电压 U_{CE} 的关系称为三极管的输出特性。即

$$I_C = f(U_{CE}) \mid I_B = 常数 \qquad (1-7)$$

在不同的 I_B 下，可得出不同的曲线，所以三极管的输出特性是一组曲线。三极管的输出特性曲线如图 1-39 所示。

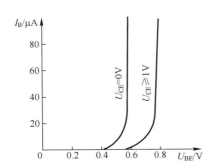

图 1-38　三极管的输入特性曲线

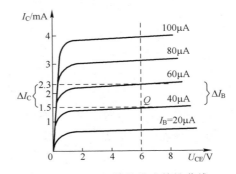

图 1-39　三极管的输出特性曲线

根据三极管的工作状态，通常把输出特性曲线分成三个区域来进行分析。三极管的工作区域如图 1-40 所示。

① 截止区：$I_B = 0$ 的曲线以下的区域称为截止区。此时三极管发射结处于反偏或零偏，由于发射结两端的电压小于死区电压，三极管的基极电流 $I_B = 0$，此时 $I_C = I_{CEO} \approx 0$，三极管处于截止状态，U_{CE} 近似等于集电极电源电压 U_{CC}。三极管就像开关断开一样。实际上，对于 NPN 型硅管而言，当 $U_{BE} < 0.5V$ 时即已开始截止，但是为了使三极管可靠截止，常使 $U_{BE} \leq 0V$，此时发射结和

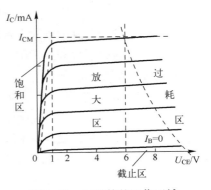

图 1-40　三极管的工作区域

集电结均处于反偏。

② 放大区：输出特性曲线处于水平部分，也就是输出特性曲线上 $I_B>0$ 和 $U_{CE}>1V$ 的区域称为放大区。在放大区，I_B 不变时，I_C 也基本不变，当 I_B 发生改变时，I_C 也随之变化。在图 1-39 中，当 I_B 由 40μA 增大到 60μA 时，I_C 也由 1.5mA 增大到 2.3mA，表明 I_C 受 I_B 的控制，且 $I_C \approx \beta I_B$。可见在放大区，三极管具有电流放大作用。由于在不同 I_B 下电流放大系数近似相等，所以放大区也称为线性区。三极管要工作在放大区的条件：发射结必须处于正偏，集电结处于反偏。

③ 饱和区：输出特性曲线的陡直部分是饱和区，此时三极管发射结处于正偏，集电结也处于正偏，三极管处于饱和状态。在饱和区，I_B 的变化对 I_C 的影响较小，$I_C \approx \beta I_B$ 的关系不再存在。三极管饱和时其管压降 U_{CE} 称为饱和压降 U_{CES}，U_{CES} 很小，一般小功率的硅管饱和压降约为 0.3V，锗管饱和压降约为 0.1V，因此三极管相当于开关接通。饱和时集电极电流记为 I_{CS}，称为饱和电流，其值主要由外电路决定。

综上所述，三极管在使用时通常有两种不同的方式，一种是三极管工作在放大状态，利用 I_B 对 I_C 的控制作用，这是模拟电子技术的应用。另一种是三极管工作在开关状态，即使三极管在饱和与截止两个状态之间转换，三极管相当于一个受控开关，这是数字电子技术的应用。

【例题 1-6】 在某共发射极放大电路中测得三极管两个电极之间的电压如下。

（1）$U_{BE}=0.72V$，$U_{CE}=0.3V$。

（2）$U_{BE}=-0.7V$，$U_{CE}=-9V$。

试判断三极管分别工作在什么状态。

解：（1）因为 $U_{BE}=0.72V$，$U_{CE}=0.3V$，说明发射极电位是参考电位且最低，故为 NPN 型三极管，又因 $U_{BC}=U_{BE}-U_{CE}=0.42V>0$，且 $U_{BE}=0.72V>0.5V$，即发射结正偏，集电结正偏，所以该三极管工作在饱和状态。

（2）因为 $U_{BE}=-0.7V$，$U_{CE}=-9V$，说明发射极电位是参考电位且最高，故为 PNP 型三极管，又因 $U_{CB}=U_{CE}-U_{BE}=-8.3V$，$U_{BE}=-0.7V$，即发射结正偏，集电结反偏，所以该三极管工作在放大状态。

---

4. 三极管的主要参数

三极管的主要参数是选择三极管、设计和调试电子电路的主要依据。

（1）共发射极交流电流放大系数 β 和共发射极直流电流放大系数 $\overline{\beta}$。

ΔI_C 与 ΔI_B 的比值称为共发射极交流电流放大系数，记作 β；I_C 与 I_B 的比值称为共发射极直流电流放大系数，记作 $\overline{\beta}$。

（2）集电极-发射极穿透电流 I_{CEO}。

当 $I_B=0$ 时，I_C 有一个很微小的电流，此电流称为三极管的穿透电流，记作 I_{CEO}。I_{CEO} 不受 I_B 的控制，它随温度变化而变化，所以，I_{CEO} 的值越小，说明三极管性能越好。硅管的 I_{CEO} 远小于锗管的 I_{CEO}，因此大多数情况下都选用硅管。

（3）集电极最大允许电流 I_{CM}。

正常工作时集电极所能允许通过的最大电流，即集电极最大允许电流 I_{CM}。当工作时 I_C

超过 I_{CM}，三极管的 β 值将明显下降，性能变差，甚至有烧坏三极管的可能。

（4）集电极最大允许功率 P_{CM}。

P_{CM} 是三极管最大允许功率，是 I_C 和 U_{CE} 乘积允许的最大值，超过此值三极管将过热而烧坏。因此大功率三极管在正常使用时要求加装散热片才能安全使用。使用三极管的工作点不可进入图 1-40 所示的过耗区。

（5）集电极-发射极反向击穿电压 $U_{(BR)CEO}$。

三极管工作时，U_{CE} 应该小于此值，并应留有一定的裕量，以免击穿。另外，温度升高将使 $U_{(BR)CEO}$ 降低，因而要留有裕量。

 任务实施

熟悉三极管的内部结构、类型，充分理解三极管的放大工作原理及特性曲线。能根据三极管各电极的电位判断三极管的工作状态。

 任务训练

1. 课前预习

（1）三极管由两个 PN 结组成，因此可以采用两个二极管组成三极管。（　　　）

（2）三极管的发射区和集电区是由同一类半导体材料构成的，所以三极管的集电极和发射极可以互换。（　　　）

（3）三极管具有能量放大作用。（　　　）

（4）发射结正向偏置的三极管一定工作在放大状态。（　　　）

（5）发射结反向偏置的三极管一定工作在截止状态。（　　　）

（6）当三极管的集电极电流大于它的最大允许电流 I_{CM} 时，该三极管被击穿。（　　　）

（7）只有不超过三极管的任何一个极限参数，三极管工作时才不会被烧坏。（　　　）

（8）选择三极管时，只要考虑其 $P_{CM} < I_C U_{CE}$ 即可。（　　　）

2. 基本训练

（1）三极管按内部结构可分为（　　　）。

A．NPN 型三极管和 PNP 型三极管　　　B．放大管和开关管

C．硅管和锗管　　　D．小功率管和大功率管

（2）三极管按用途可分为（　　　）。

A．NPN 型三极管和 PNP 型三极管　　　B．放大管和开关管

C．硅管和锗管　　　D．小功率管和大功率管

（3）三极管放大的实质就是（　　　）。

A．将小能量放大成大能量　　　B．将低电压放大成高电压

C．将小电流放大成大电流　　　D．用较小的电流控制较大的电流

（4）三极管是一种（　　　）型半导体器件。

A．电压控制　　　B．电流控制

C．既是电压又是电流　　　D．功率控制

（5）三极管处于饱和状态时，它的集电极电流将（　　　）。

A. 随基极电流的增大而增大

B. 随基极电流的增大而减小

C. 与基极电流变化无关，只取决于 U_{CC} 和 R_C

D. 与基极电流的变化无关

（6）当满足 $I_C = \beta I_C$ 的关系时，三极管工作在（　　　）。

A. 放大区　　　　B. 截止区　　　　C. 饱和区　　　　D. 击穿区

（7）三极管的输出特性是一簇曲线，每条曲线都与（　　　）相对应。

（8）三极管特性曲线中，当 $I_B = 0$ 时，I_C 等于（　　　）。

A. I_{CM}　　　　B. I_{CEO}　　　　C. I_{CBO}　　　　D. I_{EM}

（9）对某电路中一个 NPN 型硅管测试，测得 $U_{BE} > 0$，$U_{BC} > 0$，$U_{CE} > 0$，则此管工作在（　　　）。

A. 放大区　　　　B. 饱和区　　　　C. 截止区　　　　D. 过耗区

3. 能力训练

（1）在放大电路中测得各三极管电极电位如图 1-41 所示，试判断各三极管的引脚、类型及材料。

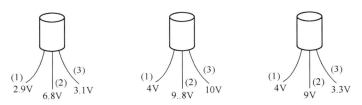

图 1-41　能力训练题（1）图

（2）接在电路中的四个三极管（见图 1-42）用电压表测出它们各电极的电位如图 1-42 所示，试判断各三极管分别工作在何种状态（放大、饱和、截止）。

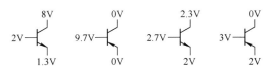

图 1-42　能力训练题（2）图

（3）测得工作在放大电路中的 NPN 型三极管的三个电极的电压分别是 $U_1 = 3.7V$，$U_2 = 3V$，$U_3 = 12V$。

① 判断该三极管是硅管还是锗管。

② 确定该三极管的 E、B、C。

4. 讨论

（1）当温度变化时，三极管的集电极电流 I_C 和发射结电压 U_{BE} 如何变化？

（2）在 NPN 型三极管中，掺杂浓度最高的是什么区？面积最大的是什么区？

实训 2　三极管的识别与检测

实施要求

（1）能识别常见三极管的种类。
（2）会使用万用表判断三极管极性和质量好坏。

实施器材

（1）指针式万用表 1 块。
（2）各种三极管若干。

实施内容及步骤

1. 三极管的识别

三极管的三个电极、规格、类别和制造材料一般可以通过三极管外壳上的标识和查阅手册来判断，如 2SC9014，通过查阅三极管手册可知它是一个小功率三极管，也可知它的集电极最大允许功率 $P_{CM} = 0.4W$，最大允许电流 $I_{CM} = 0.1A$，特征频率 $f_T = 150MHz$ 等参数，另外可以查看出它的 E、B、C 引脚排列图。图 1-43 所示为常用三极管的实物图。

2. 三极管引脚和管型判别

我们以指针式万用表检测二极管为例来介绍三极管的检测方法。如图 1-44 所示，用 MF-47 型指针式万用表检测一个型号为 2SC9014 的晶体三极管。具体操作步骤如下。

（1）选择合适量程并调零。

如图 1-45 所示，根据三极管的功率大小，选择合适的电阻挡量程并调零，一般采用 R×100Ω 挡或 R×1k 挡。对于 2SC9014 晶体三极管应选用 R×100Ω 挡。将万用表的红、黑两表笔短接后调节调零旋钮使指针指在 "0" 刻度处。

（2）判别三极管的基极。

如图 1-46 所示，用万用表的黑表笔依次接触三极管的任意一个引脚，而红表笔分别接触其余两个引脚，如果两次测得的阻值都较小（或较大），则黑表笔所接的引脚为基极 b。如果两次测得的阻值相差很大，则应调换黑表笔所接的引脚再测，直到找到基极为止。

（a）普通塑封三极管　　　　　（b）金属封装大功率三极管　　　　　（c）金属封装三极管

（d）功率三极管　　　　　（e）塑料封装大功率三极管　　　　　（f）贴片三极管

图 1-43　常用三极管的实物图

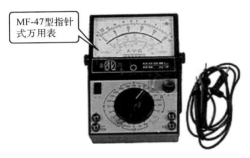

（a）MF-47型指针式万用表

（b）2SC9014晶体三极管

图 1-44　MF-47 型指针式万用表和 2SC9014 晶体三极管

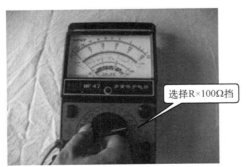

（a）选择合适量程

（b）调零

图 1-45　选择合适量程并调零

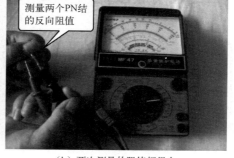

（a）两次测量的阻值都很小 （b）两次测量的阻值都很大

图 1-46 确定三极管的基极

（3）判断三极管的管型。

如图 1-47 所示，用万用表的黑表笔依次接触三极管的任意一个引脚，而红表笔分别接触其余两个引脚，如果两次测得的阻值都较小，则该三极管为 NPN 型；如果两次测得的阻值都较大，则该三极管为 PNP 型。

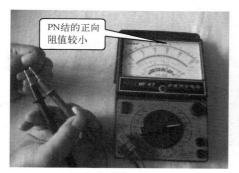

（a）两次测量的阻值都很小 （b）两次测量的阻值都很大

图 1-47 确定三极管的管型

（4）判别三极管的集电极和发射极。

当基极 b 确定后，可再接着判别发射极 e 和集电极 c。若是 NPN 型三极管，则可将万用表的黑表笔和红表笔分别接在两个待定的电极上，表针应指示无穷大，如图 1-48（a）所示。再用手捏紧黑表笔和基极 b（不能将两极相碰，即相当于接入一个电阻），观察表针摆动幅度，如图 1-48（b）所示。然后将黑、红表笔对调，按上述方法重测一次。比较两次表针摆动幅度，摆动较大的一次黑表笔所接的为集电极 c，红表笔所接的为发射极 e。

3. 检测三极管的性能好坏

下面举例说明用 MF-47 型指针式万用表检测一个型号为 2SC9014 的晶体三极管。具体操作步骤如下。

（1）选择合适量程并调零。

如图 1-49 所示，检测晶体三极管的质量好坏一般采用 R×100Ω 挡或 R×1kΩ 挡。对于

2SC9014 晶体三极管应选用 R×100Ω 挡。将万用表的红、黑两表笔短接后调节调零旋钮，使指针指在"0"刻度处。

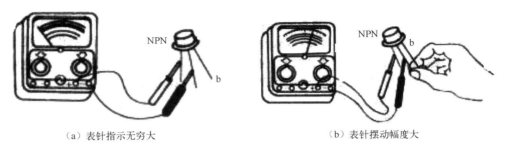

（a）表针指示无穷大　　　　　　　　　　　　　　（b）表针摆动幅度大

图 1-48　确定三极管的集电极和发射极

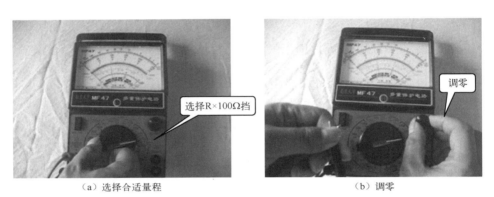

（a）选择合适量程　　　　　　　　　　　　　　（b）调零

图 1-49　选择合适量程并调零

（2）判别晶体三极管的质量好坏。

如图 1-50 所示，用万用表的 R×100Ω 挡分别测量晶体三极管的基极与集电极之间的正、反向阻值，基极与发射极之间的正、反向阻值。对于正常的中、小功率晶体三极管而言，其内部 PN 结的正向阻值应为几千欧姆至几百千欧姆，反向阻值为几百千欧姆以上。当测得正、反向阻值接近无穷大时，表明晶体三极管内部开路；当测得正、反向阻值都接近零时，表明晶体三极管内部已被击穿或短路。

（a）检测b、c间的正向阻值　　　　　　　　　　（b）检测b、c间的反向阻值

图 1-50　检测晶体三极管内部 PN 结的正、反向阻值

（c）检测b、e间的正向阻值　　　　　　　　　　（d）检测b、e间的反向阻值

图1-50　检测晶体三极管内部 PN 结的正、反向阻值（续）

　　综上所述，性能好的三极管内部两个 PN 结的正向阻值应为几千欧姆至几百千欧姆，反向阻值为几百千欧姆以上。如果检测出极间阻值都很小，甚至为0Ω，则说明晶体三极管已被击穿；如果检测出极间阻值都为无穷大，则说明晶体三极管已内部开路。以上两种情况都说明三极管内部已损坏，不能使用。试将测试结果填入实训报告中的表1-2中。

《三极管的识别与检测》实训报告

班级_____　姓名_____　学号_____　成绩_____

一、根据实训内容填写表1-2

表1-2　三极管的识别与检测实训结果

序　　号	三极管型号	正向电阻	反向电阻	质量（好/坏）
1				
2				
3				
4				

二、根据实训内容完成下列简答题

1. 判断三极管质量好坏时，为什么要检测其内部 PN 结的正、反向阻值呢？

　　2. 在判断三极管引脚时，用手指捏着基极 b 和假设的集电极 c，但是 b、c 又不能接触，这是为什么？请结合实训操作说说你的看法。

三、巩固练习

（1）用指针式万用表 R×1kΩ 挡判断晶体三极管引脚极性，若将黑表笔接触某一个引脚，红表笔分别接触另外两个引脚，测得的均为低阻值，则黑表笔接触的是（　　　），且该三极管为（　　）型。

A. 基极　NPN 型　　B. 发射极　NPN 型　　C. 基极　PNP 型　　D. 发射极　PNP 型

（2）用数字式万用表测量一个正常的三极管，若用红表笔接触某一个引脚，黑表笔接触另外两个引脚，仪表都显示"1"，而调换红黑表笔位置再次测量时，仪表都显示"0"，则可判断该三极管是（　　）。

A. PNP 型　　　　　　B. NPN 型　　　　　　C. 锗管　　　　　D. 无法确定

微课

认识场效应管

任务 1-4　认识场效应管

 学习目标

（1）熟悉场效应管的类型、符号、结构特点和主要参数。

（2）理解场效应管的工作原理和特性曲线。

（3）能识别常用场效应管，会使用万用表检测场效应管的三个电极和性能。

 思政目标

场效应管在电子电路中应用广泛，使用灵活，它与晶体三极管都是构成模拟电子技术和数字电子技术的核心器件。通过深入学习场效应管结构与类型、电压控制和开关功能，提高学生创新思维和创新能力，培养学生实事求是的科学态度和主动探究的精神，树立学生学好电子技术技能的信心和服务经济社会发展的决心。

 工作任务

了解场效应管的结构、符号、分类、型号和用途。掌握场效应管的电压控制电流的作用、特性曲线和主要参数。学会识别不同类型的场效应管，用万用表判别常用场效应管的引脚和性能。

任务分析

场效应管是电子电路中常用的半导体器件，是靠输入电压来控制其输出电流大小的，它具有输入端基本不取电流的特点，因此输入电阻非常高，一般可达 $10^9 \sim 10^{14}\,\Omega$；而晶体三极管的输入电阻仅有 $10^2 \sim 10^4\,\Omega$。此外，它还具有噪声低、热稳定性好、抗辐射能力强、耗电小、易集成等优点，已被广泛应用于各种电子电路中。扎实掌握场效应管的转移、输出特性和三个工作区有助于分析和计算电子电路。学会识别和检测场效应管能为电子电路设计、安装、测试和维修打下基础。

 相关知识

1. 绝缘栅型场效应管的结构与类型

场效应管按其结构的不同，分为结型（JFET）和绝缘栅型（MOSFET）两种。其中绝缘栅型制造工艺简单，便于实现集成电路，因此发展很快。本书仅介绍绝缘栅型场效应管。

绝缘栅型场效应管由金属、氧化物和半导体构成，所以又称为金属-氧化物-半导体管（MOSFET），简称 MOS 管。根据导电沟道的不同，可分为 N 沟道（NMOS）和 P 沟道（PMOS）两种类型，每种类型又分为增强型（EMOS）和耗尽型（DMOS）。下面介绍其内部结构与电路符号。

图 1-51（a）所示为 N 沟道增强型 MOS 管的结构示意图，它用一块掺杂浓度较低的 P 型硅片作为衬底，在衬底上通过扩散工艺形成两个高掺杂的 N+ 型区，分别用金属铝各引出一个电极，称为源极 S 和漏极 D，在 P 型硅表面制作一层很薄的二氧化硅（SiO$_2$）绝缘层，再在二氧化硅表面喷上一层金属铝，也引出电极，称为栅极 G。因为栅极和其他电极、硅片之间是绝缘的，所以称为绝缘栅型场效应管。正是因为它的栅极是绝缘的，所以绝缘栅型场效应管的电流几乎为零，输入电阻 R_{GS} 很高，可达 $10^{14}\,\Omega$。

只有在栅、源极之间加一个正电压，即 $U_{GS}>0$ 时，才能形成导电沟道，这种场效应管称为增强型 MOS 管。图 1-51（b）所示为 N 沟道增强型 MOS 管的电路符号。箭头方向表示沟道类型，箭头指向管内表示为 N 沟道，中间的竖虚线表示增强型。

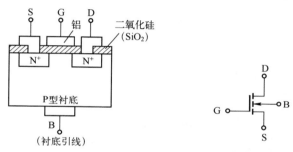

（a）N沟道增强型MOS管的结构示意图　　　（b）N沟道增强型MOS管的电路符号

图 1-51　N 沟道增强型 MOS 管

在制造 MOS 管时，如果在 SiO$_2$ 绝缘层中掺入大量的正离子，那么可以产生足够强的电场使 P 型衬底的硅表层的多数载流子空穴被排斥开，从而感应出很多的负电荷使漏极与源极之间形成 N 型沟道，如图 1-52（a）所示。这样，即使栅、源极之间不加电压，即 $U_{GS}=0$，漏、源极之间已经存在原始导电沟道，这种场效应管称为耗尽型 MOS 管，N 沟道耗尽型 MOS 管的电路符号如图 1-52（b）所示，中间的竖实线表示耗尽型。

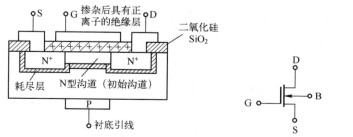

（a）N沟道耗尽型MOS管的结构示意图　　　（b）N沟道耗尽型MOS管的电路符号

图 1-52　N 沟道耗尽型 MOS 管

如图 1-53（a）所示，如果在制作场效应管时采用 N 型硅片作为衬底，漏、源极之间为 P$^+$型，则导电沟道为 P 型。图 1-53（b）所示为 P 沟道增强型 MOS 管的电路符号。

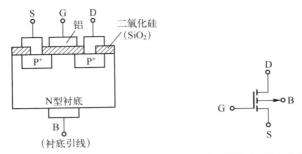

（a）P沟道增强型MOS管的结构示意图　　（b）P沟道增强型MOS管的电路符号

图 1-53　P 沟道增强型 MOS 管

在制造 MOS 管时，如果在 SiO$_2$ 绝缘层中掺入大量的负离子，则可以产生足够强的 N 型衬底的硅表层的多数载流子电子被排斥开，从而感应出很多的正电荷使漏极与源极之间形成 P 沟道，如图 1-54（a）所示。这样，即使栅、源极之间不加电压，即 $U_{GS}=0$，漏、源极之间已经存在原始导电沟道，P 沟道耗尽型 MOS 管的电路符号如图 1-54（b）所示。

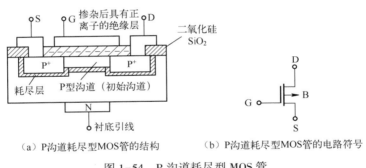

（a）P沟道耗尽型MOS管的结构　　　　（b）P沟道耗尽型MOS管的电路符号

图 1-54　P 沟道耗尽型 MOS 管

N 沟道 MOS 管与 P 沟道 MOS 管的工作原理是一样的，只是两者电源极性、电流方向相反而已。这和 NPN 型与 PNP 型三极管的电源极性、电流方向相反的原理是相同的。无论是 N 沟道 MOS 管还是 P 沟道 MOS 管，都只有一种载流子导电，故称 MOS 管为单极性电压控制器件。

2. 绝缘栅型场效应管的工作原理和特性曲线

（1）绝缘栅型场效应管的工作原理。

下面以 N 沟道增强型 MOS 管为例来说明它的工作原理。图 1-55（a）所示为 N 沟道增强型 MOS 管的工作原理示意图，图 1-55（b）所示为相对应的电路原理图。工作时，栅极和源极之间加正向电源电压 U_{GS}，漏极和源极之间加正向电源电压 U_{DS}，并且源极与衬底连接，衬底是电路中最低的电位点。

当 $U_{GS}=0$ 时，漏极与源极之间没有原始的导电沟道，漏极电流 $I_D=0$。这是因为当 $U_{GS}=0$ 时，漏极和衬底，以及源极之间形成了两个反向串联的 PN 结，当 U_{DS} 加正向电压时，漏极与衬底之间 PN 结反向偏置，导电沟道未形成。

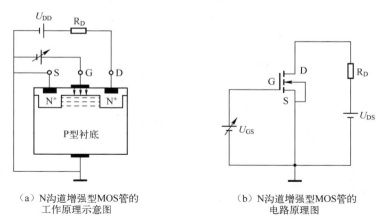

（a）N沟道增强型MOS管的
工作原理示意图

（b）N沟道增强型MOS管的
电路原理图

图 1-55　N 沟道增强型 MOS 管的工作原理

当 $U_{GS}>0$ 时，栅极与衬底之间产生了一个垂直于半导体表面、由栅极 G 指向衬底的电场。这个电场的作用是排斥 P 型衬底中的空穴而吸引电子到表面层，当 U_{GS} 增大到一定程度时，SiO_2 绝缘层和 P 型衬底的交界面附近积累了较多的电子，形成了 N 型薄层，称为 N 型反型层。反型层使漏极与源极之间成为一条由电子构成的导电沟道，当加上 U_{DS} 之后，就会有电流 I_D 流过沟道。通常将刚刚出现漏极电流 I_D 时所对应的栅极和源极之间的电压称为阈值电压，用 $U_{GS(th)}$ 表示。

当 $U_{GS}>U_{GS(th)}$ 时，U_{GS} 增大、电场增强、沟道变宽、沟道电阻减小、I_D 增大；反之，U_{GS} 减小、沟道变窄、沟道电阻增大、I_D 减小。所以改变 U_{GS} 的大小，就可以控制沟道电阻的大小，从而达到控制电流 I_D 大小的目的，随着 U_{GS} 的增强，MOS 管的导电性能也跟着增强，故称之为增强型。必须强调的是，这种 MOS 管当 $U_{GS}<U_{GS(th)}$ 时，反型层（导电沟道）消失，$I_D=0$。只有当 $U_{GS} \geqslant U_{GS(th)}$ 时，才能形成导电沟道，并有电流 I_D。

（2）绝缘栅型场效应管的特性曲线。

下面以 N 沟道增强型 MOS 管为例来说明它的特性曲线。

① 转移特性曲线。

当 U_{DS} 为常数时，I_D 与 U_{GS} 之间的关系称为场效应管的转移特性，即 $I_D=f(U_{GS})|_{U_{DS}=常数}$。图 1-56（a）所示为 N 沟道增强型 MOS 管的转移特性曲线。

从图 1-56（a）可以看出，当 $U_{GS}<U_{GS(th)}$ 时，导电沟道没有形成，$I_D=0$。当 $U_{GS} \geqslant U_{GS(th)}$ 时，开始形成导电沟道，并随着 U_{GS} 的增大，导电沟道变宽，沟道电阻变小，电流 I_D 增大。

② 输出特性曲线。

当 U_{GS} 为常数时，I_D 与 U_{DS} 之间的关系称为场效应管的输出特性，即 $I_D=f(U_{DS})|_{U_{GS}=常数}$。图 1-56（b）所示为 N 沟道增强型 MOS 管的输出特性曲线。按场效应管的工作特性可将输出特性分为三个工作区域。

a. 截止区。当 $U_{GS}<U_{GS(th)}$ 时，导电沟道没有形成，漏极 D 和源极 S 之间呈高阻状态，此时 $I_D=0$。

b. 放大区或饱和区（Ⅱ区）又称为恒流区。漏极电流 I_D 基本不随 U_{DS} 的变化而变化，

只随 U_{GS} 的增大而增大，体现了 U_{GS} 对 I_D 的控制作用。

c. 可变电阻区（Ⅰ区）。U_{DS} 相对较小，I_D 随 U_{DS} 增大而增大，U_{GS} 增大，曲线变陡，说明输出电阻随 U_{GS} 的变化而变化，故称为可变电阻区。

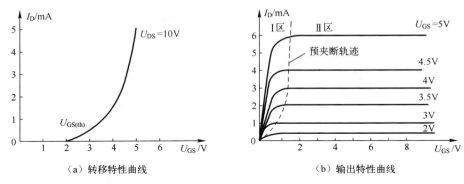

（a）转移特性曲线　　　　　　　　　　（b）输出特性曲线

图 1-56　N 沟道增强型 MOS 管的特性曲线

③ 耗尽型 MOS 管的特性曲线。

前面我们已经知道耗尽型 MOS 管在结构上与增强型 MOS 管相似，其不同点仅在于耗尽型 MOS 管的衬底靠近栅极附近已经存在着原导电沟道，因此，只要加上 U_{DS} 电压，即使 $U_{GS}=0$，场效应管也能导通，形成漏极电流 I_D。以 N 沟道耗尽型 MOS 管为例，其特性曲线如图 1-57 所示。

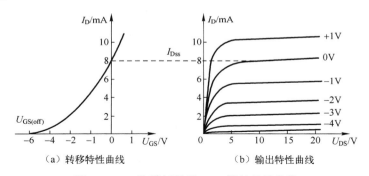

（a）转移特性曲线　　　　　　　　　　（b）输出特性曲线

图 1-57　N 沟道耗尽型 MOS 管的特性曲线

由图 1-57 可知，当 U_{DS} 一定，U_{GS} 由零增大时，I_D 相应增大；反之，当 U_{GS} 由零向负值方向减小时，I_D 相应减小，我们把 $I_D=0$ 时所对应的 U_{GS} 称为夹断电压，用 $U_{GS(off)}$ 表示。实际上，夹断电压也可理解为导电沟道开始形成时的阈值电压。

3. 场效应管的主要参数

（1）阈值电压 $U_{GS(th)}$。

当 U_{DS} 为定值时，使增强型 MOS 管开始导通时的 U_{GS} 值，即阈值电压 $U_{GS(th)}$。N 沟道增强型 MOS 管的 $U_{GS(th)}$ 为正值，P 沟道增强型 MOS 管的 $U_{GS(th)}$ 为负值。

（2）夹断电压 $U_{GS(off)}$。

当 U_{DS} 为定值时，使耗尽型 MOS 管 I_D 减小到近似为零时的 U_{GS} 值，即夹断电压 $U_{GS(off)}$。

N 沟道耗尽型 MOS 管的 $U_{GS(off)}$ 为负值，P 沟道耗尽型 MOS 管的 $U_{GS(off)}$ 为正值。

（3）饱和漏极电流 I_{Dss}。

当 $U_{GS} = 0$，且 $U_{DS} > U_{GS(off)}$ 时，耗尽型 MOS 管所对应的漏极电流，即饱和漏极电流 I_{Dss}。

（4）跨导 g_m。

当 U_{DS} 为定值时，漏极电流 I_D 的变化量 ΔI_D 与 U_{GS} 的变化量 ΔU_{GS} 的比值称为跨导，即

$$g_m = \frac{\Delta I_D}{\Delta U_{GS}}\bigg|_{U_{DS} = 常数}$$

g_m 的大小反映了栅源电压 U_{GS} 对漏极电流 I_D 的控制能力。它的单位是 S（西门子）或 mS。

（5）最大漏极、源极之间的击穿电压 $U_{(BR)DS}$。

最大漏极、源极之间的击穿电压 $U_{(BR)DS}$ 是当 I_D 急剧上升时的 U_{DS} 值，它是漏极和源极之间所允许加的最大电压。

（6）漏极最大耗散功率。

漏极最大耗散功率是指漏极耗散功率 $P_D = U_{DS}I_D$ 的最大允许值，是电流的热效应对场效应管提出的限制条件。

由于 MOS 管的输入阻值很高，所以栅极上很容易积累较高的静电电压并将绝缘层击穿。为了避免这种损坏，在保存 MOS 管时应将它的三个极短接起来；在电路中，栅极、源极之间应有固定电阻或稳压二极管并联，以保证一定的直流通路；在焊接 MOS 管时应使电烙铁外壳良好接地。

 任务实施

熟悉场效应管的内部结构、类型，充分理解场效应管的工作原理及特性曲线。

能根据三极管各电极的电位判断三极管的工作状态，识别不同类型的场效应管。

 任务训练

1. 课前预习

（1）晶体三极管是单极性器件，场效应管是双极性器件。（　　　）

（2）场效应管是利用输入电压的变化来控制输出电流的变化而起到放大作用的。（　　　）

（3）跨导是表征场效应管输入电压对输出电流控制作用的一个重要参数。（　　　）

（4）N 沟道场效应管与 P 沟道场效应管的工作原理是一样的，只是两者电源极性、电流方向相反。（　　　）

（5）对于 N 沟道增强型 MOS 管，只有当 $U_{GS} \geqslant U_{GS(th)}$ 时，才开始形成导电沟道。（　　　）

（6）对于 N 沟道耗尽型 MOS 管，只要加上 U_{DS} 电压，即使 $U_{GS} = 0$，场效应管也能导通，形成漏极电流 I_D。（　　　）

2. 基本训练

（1）N 沟道增强型 MOS 管的 U_{GS} 是（　　　）。

A. 正值　　　　　B. 负值　　　　　C. 零　　　　　D. 不确定

（2）N 沟道增强型 MOS 管作放大作用时，工作在（　　）。

A. 恒流区　　　　B. 夹断区　　　　C. 可变电阻区　　　D. 不确定

（3）场效应管的工作特点是（　　）。

A. 输入电流控制输出电流　　　　　　B. 输入电压控制输出电压

C. 输入电压控制输出电流　　　　　　D. 不确定

（4）某场效应管在 U_{DS} 保持不变的情况下，U_{GS} 变化 2V 时，相应的漏极电流变化 4mA，该三极管的跨导是（　　）

A. 2mA/V　　　　B. 0.5V/mA　　　　C. 4mA/V　　　　D. 1V/mA

3. 能力训练

（1）画出下列场效应管的内部结构图和图形符号。

① N 沟道增强型 MOS 管。

② P 沟道耗尽型 MOS 管。

③ N 沟道耗尽型 MOS 管。

④ P 沟道增强型 MOS 管。

（2）某场效应管的漏极特性曲线如图 1-58 所示，试判断：

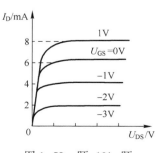

图 1-58　题（2）题

① 该场效应管属于哪种类型？画出其符号。

② 其夹断电压 $U_{GS(off)}$ 约为多少？

③ 漏极饱和电流 I_{Dss} 约为多少？

实训3　场效应管的识别与检测

实施要求

（1）学会识别场效应管的种类。

（2）会用万用表检测场效应管。

实施器材

（1）万用表1块。

（2）各种场效应管若干。

实施内容及步骤

（1）场效应管的识别。

场效应管分结型、绝缘栅型两大类。结型场效应管因有两个 PN 结而得名，绝缘栅型场效应管因栅极与其他电极完全绝缘而得名。目前在场效应管中，应用最为广泛的是绝缘栅型场效应管，简称 MOS 管（金属–氧化物–半导体场效应管，MOSFET）；此外还有 PMOS、NMOS 和 VMOS 功率场效应管等。按沟道半导体材料的不同，结型和绝缘栅型各分为 N 沟道和 P 沟道两种。按导电方式的不同，场效应管又可分为耗尽型和增强型。结型场效应管均为耗尽型，绝缘栅型场效应管既有耗尽型的，也有增强型的。表 1–3 所示为几种常见场效应管的实物照片。

（2）场效应管的检测。

场效应管在电子电路中应用相当广泛，在大部分电源电路、功率电路、开关控制电路中作为核心元器件使用，故障发生率较高，主要表现为场效应管被击穿。对于结型场效应管的检测，我们通常用万用表检测场效应管极间正、反向阻值来判定其性能好坏；由于绝缘栅型场效应管的输入电阻很高，容易造成感应电压过高而损坏，所以在一般情况下，不能直接用万用表检测绝缘栅型场效应管。另外，还可以用万用表判别结型场效应管的三个电极和沟道。

表 1-3　几种常见场效应管的实物照片

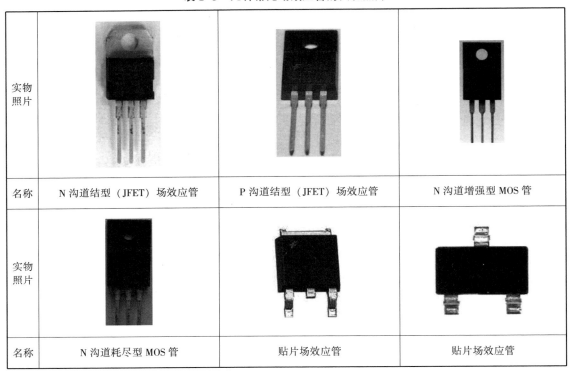

实物照片			
名称	N 沟道结型（JFET）场效应管	P 沟道结型（JFET）场效应管	N 沟道增强型 MOS 管
实物照片			
名称	N 沟道耗尽型 MOS 管	贴片场效应管	贴片场效应管

① 判别结型场效应管的三个电极和沟道。

结型场效应管可以通过万用表电阻挡检测其极间阻值来判别三个电极和管型。具体操作步骤如下。

a. 选择合适量程并调零。

将万用表电阻挡拨至 R×1k 挡。将万用表的红、黑两表笔短接后调节调零旋钮使指针指在"0"刻度处。

b. 判别结型场效应管的电极和沟道。

用万用表黑表笔接结型场效应管的某一个电极，红表笔分别接其另外两个电极。若两次测出的阻值都很小，则说明均是正向电阻，该结型场效应管属于 N 沟道结型场效应管；黑表笔接的也是栅极。反之，用万用表红表笔接结型场效应管的某一个电极，黑表笔分别接其另外两个电极。若两次测出的阻值都很小，则说明均是正向电阻，该结型场效应管属于 P 沟道结型场效应管；红表笔接的也是栅极。在测量过程中如果出现两阻值相差太大，则可改换电极重测，直到出现两阻值都很小或很大时为止。

制造工艺决定了场效应管的源极和漏极是对称的，可以互换使用，并不影响电路的正常工作，所以不必加以区分。源极与漏极间的电阻约为几千欧姆。

注意：不能用此方法直接判定绝缘栅型场效应管的栅极。因为绝缘栅型场效应管的输入电阻极高，栅极和源极之间的极间电容又很小，测量时只要有少量的电荷，就可以在极间电容上形成很高的电压，容易将三极管损坏。

② 结型场效应管的质量好坏判别。

一种方法是先将万用表电阻挡拨至 R×1k 挡，把万用表的红、黑两表笔短接后调节调零旋钮使指针指在"0"刻度处。检测 N 沟道结型场效应管，当红表笔接源极 S 或漏极 D，黑表笔接栅极 G 时，如果测得的阻值较小，则表明场效应管基本完好；当栅极与源极、栅极与漏极间正、反向阻值都为无穷大时，说明场效应管已损坏。

另一种方法是将红、黑两表笔接源极 S 和漏极 D，然后用手碰触栅极，若万用表表针偏转较大，则说明场效应管是好的；若万用表表针不动，则说明场效应管是坏的或性能不良。

项目 2　直流稳压电源的安装与调试

任务 2-1　剖析直流稳压电源电路

微课

变压电路

 学习目标

（1）观察直流稳压电源实物，了解直流稳压电源电路的构成及各部分电路的作用。

（2）通过直流稳压电源，掌握整流、滤波、稳压电路的结构、类型和工作原理。

（3）会分析可调式直流稳压电源电路原理图。

 思政目标

培养学生理论联系实际的意识，从实践中来，到实践中去，对照直流稳压电源实物电路掌握基本理论知识，使学生形象直观地学会模拟电子技术的应用，培养学生独立分析问题、解决问题的能力，提高学生充分认识电能的处理技术对能源的合理利用及经济发展的重要性。

子任务 2-1-1　直流稳压电源电路的结构组成

工作任务

观察直流稳压电源电路，进一步认识电子元器件，通过测量电路各点电压波形，指出直流稳压电源的电路结构组成，掌握直流稳压电源电路的工作原理。根据直流稳压电源实物电路绘制电路原理图。

任务分析

直流稳压电源主要是为各种电子设备和装置提供稳定的直流电，如测量仪器、自动控制系统和计算机等。其工作过程是将交流电转换成稳定不变的直流电。图 2-1 所示为直流稳压电源实物图。变压器先将 220V 交流电进行降压并输出 12V 的电压送给电路，再经二极管整流、电容滤波和稳压电路后输出稳定可调的直流电压。

图 2-1　直流稳压电源实物图

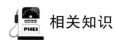 **相关知识**

1. 直流稳压电源的结构组成

交流电在电能的输送和分配方面具有直流电不可比拟的优点，因此，电力网所供给的是交流电。但有的场合必须使用直流电，要求高的电路还必须要用到非常稳定的直流电源。所以，通常需要把交流电转换成直流电。目前广泛采用的办法是利用二极管或晶闸管等半导体器件的特性，把交流电转换成直流电。我们称这种转换电路为直流稳压电源电路。直流稳压电源电路组成框图如图 2-2 所示。

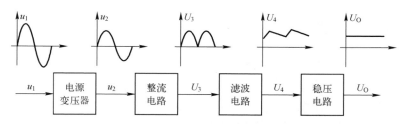

图 2-2　直流稳压电源电路组成框图

2. 直流稳压电源各部分电路的作用

图 2-2 中各组成部分的作用如下。

（1）电源变压器：将交流电压变换成符合整流要求的交流电压值。

（2）整流电路：利用整流元件的单向导电性，将交流电变换成单向脉动直流电。

（3）滤波电路：利用电容器、电感线圈的储能特性，把脉动直流电压中含有的纹波成分滤除，从而得到平滑的直流电压，以适应负载的需要。

（4）稳压电路：使直流电源的输出电压稳定，不受电网电压或负载变动的影响。

 **任务实施**

观察直流稳压电源实物电路，指出各部分电路的结构组成，绘制其电路基本原理图。

 任务训练

1. 课前预习（判断题）

（1）交流电可以转换成直流电。（　　）

（2）变压器是降压单元。（　　）

（3）整流电路可以直接把交流电转换成直流电。（　　）

（4）滤波电路用来滤除脉动直流电压中的纹波成分。（　　）

2. 能力训练

（1）观察直流稳压电源实物电路，从变压器开始，说出电路各元器件名称。

序　号	名　　称	序　号	名　　称
1		6	
2		7	
3		8	
4		9	
5		10	

（2）画出直流稳压电源电路的结构组成框图及说明各结构组成电路的作用。

3. 拓展训练

（1）选择题。

① 下列哪项是整流目的的正确表述？（　　）

A. 将交流电转换成直流电　　　　B. 将交流电转换成脉动的直流电

C. 将直流电转换成交流电　　　　D. 将正弦波信号变成方波信号

② 下列哪项是滤波目的的正确表述？（　　）

A. 滤除交流成分　　　　　　　　B. 滤除脉动直流电压中含有的纹波成分

C. 滤除直流成分　　　　　　　　D. 滤除交直流成分

（2）实操。

根据直流稳压电源实物电路绘制其电路基本原理图。

微课

子任务 2-1-2　整流电路

 工作任务

进一步观察直流稳压电源实物电路，指出整流电路的各元器件组成，理

整流电路

解其工作原理，画出与实物电路相对应的电路原理图。

任务分析

整流电路是电子设备电源电路中必不可少的电路，它是利用二极管或晶闸管等半导体器件的特性，把大小和方向都随时间变化的交流电转换成脉动的直流电。其电路结构有半波整流和桥式整流，以及单相整流和三相整流。

微课

常用整流二极
管与整流桥堆

相关知识

1. 单相半波整流电路

图 2-3（a）所示为带有纯电阻负载的单相半波整流电路。它是最简单的整流电路，常应用于对电压要求不高的场合。它由变压器、整流二极管、负载组成。变压器将外界交流电变换成符合整流要求的交流电，波形图如图 2-3（b）所示。

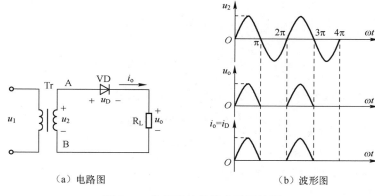

（a）电路图 　　　　　　　　　　（b）波形图

图 2-3　单相半波整流电路及波形

半波整流工作过程如下。

在 u_2 正半周（A 端为正、B 端为负）时，二极管 VD 正偏导通，电流的路径为 A 端→VD→R_L→B 端。由于二极管正向导通，于是有电流 i_o 流过 R_L，产生电压 u_o。若忽略变压器 Tr 线圈电阻和二极管正向电阻，则 u_o 的瞬时值就是 u_2，故 u_o 的波形近似为 u_2 的正半周波形。

在 u_2 负半周（A 端为负、B 端为正）时，二极管 VD 反偏截止，无电流流过 R_L，R_L 上无电压。

因此整流后，负载 R_L 上得到的是半个正弦波，即脉动的直流电压 u_o。

如果设变压器二次侧电压 u_2 的有效值是 U_2，则负载 R_L 上所获得的直流电压 U_o，即 u_o 的平均值：

$$U_o = \frac{\sqrt{2}}{\pi} U_2 = 0.45 U_2 \tag{2-1}$$

流过负载的平均电流为

$$I_o = I_L = \frac{U_o}{R_L} = 0.45 \frac{U_2}{R_L} \tag{2-2}$$

因为二极管 VD 和 R_L 串联，所以流过二极管 VD 的平均电流为

$$I_{VD} = I_o = 0.45 \frac{U_2}{R_L} \qquad (2-3)$$

二极管在截止的半个周期内承受的最高反向电压为

$$U_{RM} = \sqrt{2} U_2 \qquad (2-4)$$

那么，对整流二极管的要求是它的最大整流电流 I_{oM} 应大于负载电流 I_L，最高反向电压 U_{RM} 应高于 u_2 的最大值 $\sqrt{2} U_2$，即

$$I_{oM} > I_L = 0.45 \frac{U_2}{R_L} \qquad (2-5)$$

$$U_{RM} > u_{2m} \qquad (2-6)$$

【例题 2-1】 单相半波整流后，要求负载电压 $U_L = 12V$，而负载电阻 $R_L = 100\Omega$，则应如何选择整流二极管呢？

解： 由式（2-1）可得

$$U_2 = \frac{1}{0.45} U_L = \frac{1}{0.45} \times 12V \approx 26.7V$$

$$I_L = \frac{U_L}{R_L} = \frac{12}{100} = 0.12A = 120mA$$

所以选择整流二极管的最高反向电压和最大整流电流由式（2-5）、式（2-6）可得

$$U_{RM} \geqslant \sqrt{2} U_2 = \sqrt{2} \times 26.7V \approx 38V$$

$$I_{oM} \geqslant 120mA$$

半波整流电路虽然结构简单，但输出电压脉动大，直流电压小。为了克服这些缺点，目前广泛采用单相桥式整流电路。

2. 单相桥式整流电路

单相桥式整流电路是在单相半波整流的基础上改良的，它克服了单相半波整流的一些缺点。电路是由 4 个二极管构成一个电桥来承担整流任务的。因此命名为桥式整流电路，其电路图如图 2-4（a）所示。

单相桥式整流电路工作过程如下。

（1）正半周工作过程。

在 u_2 正半周（A 端为正、B 端为负）时，VD_1、VD_3 因正偏同时导通（此时 VD_2、VD_4 由于反偏而截止），电流的路径为 A→VD_1→R_L→VD_3→B，流经 VD_1、VD_3 的电流 i_{13} 自上而下流过 R_L，形成负载电流 i_o（见图中实线所示），产生负载电压 u_o。

可以看出，如果忽略变压器电阻和二极管的正向导通电阻，u_o 和 u_2 的正半周一样，同为半个正弦波，如图 2-4（b）所示。

（2）负半周工作过程。

在 u_2 负半周（A 端为负、B 端为正）时，VD_2、VD_4 因正偏同时导通（此时 VD_1、VD_3

由于反偏而截止），电流的路径为 B→VD_2→R_L→VD_4→A，流经 VD_2、VD_4 的电流 i_{24} 也是自上而下流过 R_L 的，形成负载电流 i_o（见图中虚线所示），产生负载电压 u_o。

可以看出，如果忽略变压器电阻和二极管的正向导通电阻，u_o 和 u_2 的负半周一样，同为半个正弦波，如图 2-4（b）所示。

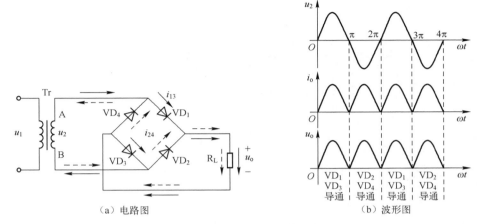

（a）电路图　　　　　　　　　　　　　（b）波形图

图 2-4　单相桥式整流电路及波形

由此可见，在一个周期内，VD_1、VD_3 和 VD_2、VD_4 轮流导通，无论是在 u_2 正半周还是负半周，负载上都可以得到单一方向的脉动直流电压，因此称为全波整流。

图 2-5 所示为桥式整流电路的其他画法。

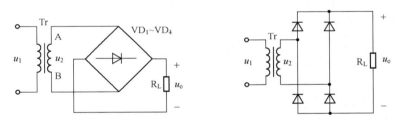

图 2-5　桥式整流电路的其他画法

与半波整流相比，由于 R_L 上的直流电压 U_o 是半波整流时的 2 倍，所以输出的直流电压 U_o 为

$$U_o = (2 \times 0.45) U_2 = 0.9 U_2 \tag{2-7}$$

流过负载的平均电流为

$$I_o = \frac{U_o}{R_L} = 0.9 \frac{U_2}{R_L} \tag{2-8}$$

流过每个二极管的平均电流为负载的平均电流的一半：

$$I_V = \frac{1}{2} I_o \tag{2-9}$$

每个二极管在截止时所承受的最高反向电压为

$$U_{RM} = \sqrt{2} U_2 \tag{2-10}$$

综上分析，对整流二极管的要求是它的最大整流电流 I_{oM} 应大于负载电流的一半（$\frac{1}{2} I_L$），最高反向电压 U_{RM} 应高于 u_2 的最大值 $\sqrt{2} U_2$，即

$$I_{oM} > \frac{1}{2} I_L = 0.45 \frac{U_2}{R_L} \tag{2-11}$$

$$U_{RM} > u_{2m} = \sqrt{2} U_2 \tag{2-12}$$

【例题 2-2】 有一桥式整流电路，要求它输出 12V 的直流电压和 100mA 的电流。现有二极管 2CP10（$I_{oM} = 100mA$，$U_{RM} = 25V$）和 2CP11（$I_{oM} = 100mA$，$U_{RM} = 50V$），则应选用哪种型号的二极管？

解： 由式（2-7）可得

$$U_2 = \frac{U_o}{0.9} \approx 1.1 U_o = 1.1 \times 12 = 13.2V$$

由式（2-12）可得

$$u_{2m} = \sqrt{2} U_2 \approx 1.414 \times 13.2 \approx 18.66V$$

由式（2-11）可得

$$\frac{1}{2} I_L = \frac{1}{2} \times 100 = 50mA$$

由此可见，选用 4 个 2CP10 二极管即可。

桥式整流电路具有变压器利用率高、平均直流电压高、脉动小等优点，应用十分广泛。

（3）三相桥式整流电路。

单相桥式整流电路的输出功率一般较小，在实际应用中当输出功率超过几千瓦且要求脉动较小时，就要采用三相桥式整流电路。三相桥式整流电路输出功率大，电压脉动小，变压器利用率高，有利于三相电网的负载平衡。

三相桥式整流电路如图 2-6 所示，组成方法与单相桥式整流电路相似，二极管 VD_1、VD_3、VD_5 共阴极连接，接于 A 点；二极管 VD_2、VD_4、VD_6 共阳极连接，接于 B 点；负载 R_L 接于 A、B 两点之间。

变压器二次侧绕组如图 2-7（a）所示。为了便于分析，将一个周期时间 $t_1 \sim t_7$ 分为 6 等份。在每个 1/6 周期时间内，相电压 u_{2U}、u_{2V}、u_{2W} 中总有一个是最高的，一个是最低的。对于共阴极连接的二极管，正极

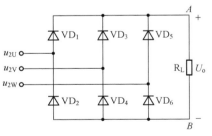

图 2-6 三相桥式整流电路

电位最高的二极管处于导通状态；对于共阳极连接的二极管，负极电位最低的二极管处于导通状态。

在时间 $t_1 \sim t_2$ 内，U 相电压最高，所以共阳极组中 VD_1 优先导通；V 相电压最低，所以共阴极组中 VD_4 优先导通。其余二极管都处于截止状态。输出电压 $u_o = u_{UV}$。

在 $t_2 \sim t_3$ 时间内，U 相电压仍然最高，而 W 相电压变得最低，因此 VD_1 与 VD_6 串联导通，其余二极管反向截止。输出电压 $u_o = u_{UW}$。

依次类推，在任一瞬间，共阴极组和共阳极组的二极管中都各有一个导通，每个二极管在一个周期内的导通角都为120°，导通顺序如图2-7（b）所示。负载上获得的脉动直流电压波形如图2-7（c）所示。与单相桥式整流电路的输出电压波形相比，显然三相桥式整流电路的输出电压波形要平滑得多。

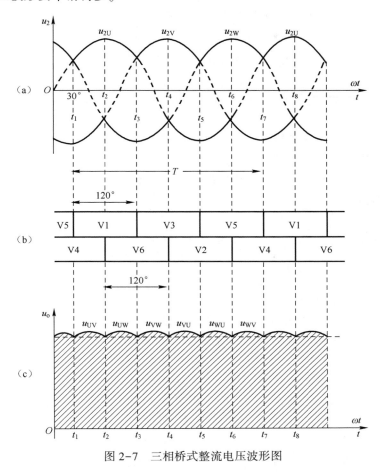

图2-7 三相桥式整流电压波形图

任务实施

观察直流稳压电源实物电路，画出整流电路原理图，分析其工作原理。

任务训练

1. 课前预习（判断题）

（1）在单相半波整流电路中，只要把变压器二次侧绕组的端钮对调，就能使输出直流电压的极性改变。（　）

（2）在单相桥式整流电路中，整流二极管承受的最高反向电压为变压器二次侧电压的$2\sqrt{2}$倍。（　）

（3）在单相桥式整流电路中，负载获得的脉动直流电压常用平均值来说明它的大小。
（　　）

（4）单相桥式整流电路在输入交流电的每半个周期内都有两个二极管导通。（　　）

（5）在单相桥式整流电路中，输出脉动直流电压的大小与负载大小无关。（　　）

（6）三相桥式整流电路输出电压的波形比三相半波整流电路输出电压的波形平滑得多，脉动更小。（　　）

（7）在三相桥式整流电路中，每个整流元件中流过的电流平均值是负载电流平均值的1/6。
（　　）

（8）在三相桥式整流电路中，二极管承受的最高反向电压都是线电压的最大值。（　　）

2. 项目训练

（1）画出单相半波整流、单相桥式整流电路原理图。

（2）画出三相桥式整流电路原理图。

（3）画出单相半波整流、单相桥式整流电路输出电压的波形图。

3. 拓展训练

（1）选择题。

① 选择整流电路中的二极管时，要考虑二极管的（　　）。

A. 最大整流电流和反向电流　　　　　　B. 最高反向电压

C. 最大整流电流和最高反向电压　　　　D. 最高工作频率

② 单相半波整流电路输出电压的平均值为变压器二次侧电压有效值的（　　）倍。

A. 0.9　　　　　B. 0.45　　　　　C. 0.707　　　　D. 1

③ 单相桥式整流电路的输出直流电压为36V，直流电流为1.5A，则二极管中的平均电流为（　　）。

A. 1.5A　　　　B. 3A　　　　　C. 0.75A　　　　D. 1A

④ 有一单相桥式整流电路，已知负载电阻 $R_L = 80\Omega$，变压器二次侧电压 $U_2 = 122V$，则负载中电流 I_o 约为（　　）。

A. 1.4A　　　　B. 0.7A　　　　C. 2.8A　　　　D. 1.38A

⑤ 在单相桥式整流电容滤波电路中，如果变压器二次侧电压为100V，则负载电压为
（　　）V。

A. 45　　　　　B. 50　　　　　C. 120　　　　D. 140

（2）讨论。

① 某单相桥式整流电路，要求输出脉动直流电压为25V，输出脉动直流电流为220mA，则二极管的电压、电流参数应满足什么要求呢？

② 在单相桥式整流电路中，若有一个二极管接反、击穿或内部开路，则分别还会发生什么现象呢？

实训4　桥式整流电路的测试

 实施要求

（1）学会桥式整流电路的连接。

（2）学会使用示波器观察桥式整流电路的工作电压波形。

 实施器材

（1）万用表1块、示波器1台。

（2）电子电工实验台。

 实施内容及步骤

（1）在电子电工实验台上按照图2-8所示连接电路（R_L、C暂时不接入电路）。

（2）检查连接的电路无误后方可进行通电测试，用万用表测量单相桥式整流电路中的U_2和U_o的值，并记录在表2-1中。

（3）用示波器观察单相桥式整流电路中U_2和U_o的电压波形，并绘制在图2-9（a）、图2-9（b）中。

（4）在电子电工实验台上将R_L、C接入单相桥式整流电路中，检查无误后方可进行通电测试，用万用表测量单相桥式整流电路中U_2和U_o的值，并记录在表2-2中。

（5）用示波器观察单相桥式整流电路中U_o的电压波形，并绘制在图2-9（c）中。

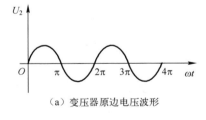

（a）变压器原边电压波形

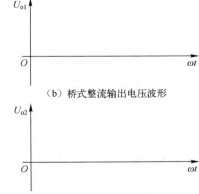

（b）桥式整流输出电压波形

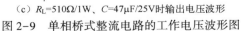

（c）$R_L=510\Omega/1W$、$C=47\mu F/25V$时输出电压波形

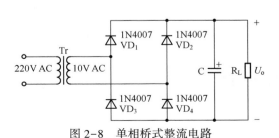

图2-8　单相桥式整流电路

图2-9　单相桥式整流电路的工作电压波形图

《桥式整流电路的测试》实训报告

班级_____ 姓名_____ 学号_____ 成绩_____

一、根据实训内容填写表 2-1 和表 2-2

表 2-1　测试记录表①

变压器二次侧电压 U_2/V	整流电路输出电压 U_o/V	
	测量值	估算值

表 2-2　测试记录表②

变压器二次侧电压 U_2/V	整流电路输出电压 U_o/V	
	$R_L = 510\Omega/1\text{W}$、$C = 47\mu\text{F}/25\text{V}$ 时的测量值	$R_L = 510\Omega/1\text{W}$、$C = 47\mu\text{F}/25\text{V}$ 时的估算值

二、根据实训内容完成下列简答题

1. 试分析在 R_L、C 未接入电路和接入电路的情况下，电路输出电压的值和波形为何不同。

2. 根据测试结果，谈谈桥式整流电容滤波电路中的滤波电容对输出电压波形的影响。

子任务 2-1-3　滤波电路

 工作任务

进一步观察直流稳压电源实物电路，指出滤波电路的各元器件组成，理解其工作原理，画出与实物电路相对应的电路原理图。

任务分析

整流电路得到的直流电脉动很大，含有很大的交流成分，这会给电子仪器设备带来不良影响。因此整流之后还需滤波，即将脉动的直流电变成比较平滑的直流电。利用电容、电感的储能特性可以组成滤波电路。

相关知识

微课

电容滤波电路

1. 电容滤波电路

把电容并联在负载两端就组成电容滤波电路。利用电容两端电压不能突变的特性，可使输出电压波形平滑。

（1）半波整流电容滤波电路。

半波整流电容滤波电路及波形如图 2-10 所示，起滤波作用的电容并联在负载电阻上。其电容滤波是利用电容的充放电来进行的。图 2-10（a）是变压器二次侧的交流正弦电压 u_2 的波形；图 2-10（b）是未接滤波电容时的输出电压 u_o 的波形；图 2-10（c）是接入电容后，电容上的电压波形。

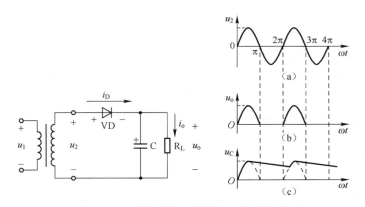

图 2-10 半波整流电容滤波电路及波形

电路在未接滤波电容时，输出电压 u_o 的波形虽然也属于直流电，但起伏很大，含有很大的脉动成分，这样的电压输出很多时候不能符合电路的要求。

当接入滤波电容后，在 $0 \sim \dfrac{\pi}{2}$ 的时间内，电容处于充电的过程中，当 u_o 达到最大值时，电容也充电完毕，其值 u_C 约等于 u_o 的最大值。在 $\dfrac{\pi}{2}$ 之后，u_o 开始下降，此时电容开始放电，如果电容足够大，使放电缓慢，则 u_C 上的电压并不会如 u_o 一样随 u_2 的变化而下降，使 u_C 在一段时间内保持缓慢下降的趋势，如图 2-7（c）中实线所示。

可以证明，输出直流电压：

$$U_o = U_2 \tag{2-13}$$

（2）桥式整流电容滤波电路。

桥式整流电容滤波电路如图 2-11（a）所示，与半波整流电容滤波电路相比，由于电容的充放电过程缩短，为电源电压的半个周期重复一次，因此输出电压的波形更为平滑，输出的直流电压幅度也更高些，波形如图 2-11（b）所示。

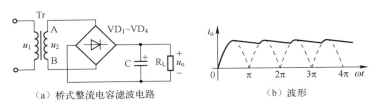

（a）桥式整流电容滤波电路　　　　　　　（b）波形

图 2-11　桥式整流电容滤波电路及波形

可以证明，输出直流电压：

$$U_o \approx 1.2U_2 \tag{2-14}$$

电容滤波电路简单，在电流不大时，滤波效果较好，一般用于负载电流较小且变化不大的场合，如各种电子测量仪器、电视机等。但当负载电流较大即 R_L 阻值较小时，电容 C 放电快，波形平滑程度差，U_o 下降，即电容滤波的外特性差（带负载能力差），不适用于负载电流大的场合。

2. 电感滤波电路

除电容滤波外，还可将电感与负载串联构成电感滤波电路，如图 2-12 所示。利用电感在电流变化时产生感应电动势来抑制电流的脉动，达到滤波的目的。电感滤波电路的外特性较好（带负载能力强），电感滤波电路适用于负载电流较大的场合，缺点是体积大、笨重、成本高且存在电磁干扰。

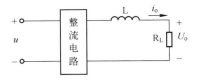

图 2-12　电感滤波电路

3. 复合滤波电路

在实际应用中常常采用复合滤波电路，即同时采用电容、电感，可以取得更加理想的效果。图 2-13 所示为两种常见的复合滤波电路。

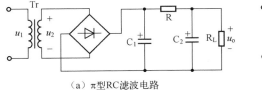

（a）π型RC滤波电路　　　　　　　（b）π型LC滤波电路

图 2-13　两种常见的复合滤波电路

 **任务实施**

观察直流稳压电源实物电路，画出滤波电路原理图，分析其工作原理。

 任务训练

1. 课前预习（判断题）

（1）在电感滤波电路中，电感量 L 越大，滤波效果越好。（　　）

（2）整流电路接入电容滤波后，其输出电压下降。（　　）

（3）在单相整流电容滤波电路中，电容的极性不能接反。（　　）

（4）复合滤波电路输出的电压波形比一般滤波电路输出的电压波形更平滑。（　　）

（5）带有电容滤波的单相桥式整流电路中，二极管承受的反向电压与滤波电容无关。
（　　）

（6）电容滤波电路适用于小负载电流，而电感滤波电路适用于大负载电流。（　　）

（7）整流电路加电容滤波后，二极管的导通时间比无滤波电容的导通时间长。（　　）

（8）桥式整流电路有电容滤波和无电容滤波时，二极管承受的反向电压不同。（　　）

2. 能力训练

（1）在电路板上，分别由 4 个二极管组成单相桥式整流滤波电路，如图 2-14 所示。如何在该图的端点上接入交流电源、变压器、滤波电容和负载电阻？要求画出最简接线图。

图 2-14　能力训练题（1）图

（2）根据图 2-15 所示的桥式整流电容滤波电路，完成下列任务。

① 在整流桥臂上正确画出整流二极管的连接方式，并对滤波电容进行极性标注。

② 试判断并标注负载 R_L 两端的电压方向。

③ 若要求输出电压为 25V，则这变压器二次侧电压的有效值 U_2 为多少？

④ 如果要求负载电流为 0.2A，那么这时每个整流二极管的电流和最高反向电压分别是多少？

⑤ 如果滤波电容 C 开路，那么电路会发生什么现象？

⑥ 如果要求负载电流为 0.2A，则这时应选择滤波电容 C 的容量和耐压分别是多少？

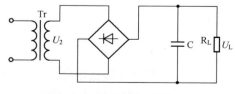

图 2-15　能力训练题（2）图

（3）在图 2-16 所示的电路中，说明各电路的名称。若 $R_L = 100\Omega$，交流电压表 V_2 的读数为 20V，则直流电压表 V_1 和直流电流表 A 的读数为多大？在图上标注输出电压的极性。若出现下列几种情况，则其 U_o 各为多大？①正常工作时；②R_L 断开时；③C_1 断开时；④有一个二极管因虚焊而断开时。

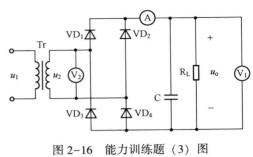

图 2-16 能力训练题（3）图

3. 拓展训练

（1）选择题。

① 滤波电路的重要作用是（   ）。

A. 把交流电变成直流电   B. 把高频交流变为低频交流

C. 把交、直流混合量中的交流量去掉   D. 把交、直流混合量中的直流量去掉

② 在单相桥式整流电容滤波电路中，若负载得到 45V 直流电压，则应选变压器二次侧电压的有效值是（   ）。

A. 45V   B. 50V   C. 100V   D. 37.5V

③ 在单相半波整流电容滤波电路中，当负载开路时，输出电压为（   ）。

A. 0   B. U_2 C. $0.45U_2$ D. $\sqrt{2}U_2$

④ 单相桥式整流电路接入滤波电容后，二极管的导通时间（   ）。

A. 变长   B. 变短   C. 不变   D. 不确定

⑤ 在单相桥式整流电容滤波电路中，如果电源变压器二次侧电压的有效值为 100V，则负载电压的有效值是（   ）。

A. 100V   B. 120V   C. 90V   D. 130V

（2）讨论。

① 在单相半波、单相桥式整流电路中，在加电容滤波和不加电容滤波的两种情况下，整流二极管承受的反向电压有什么区别？为什么？

② 某单相桥式整流电容滤波电路中，若变压器二次侧电压的有效值为 10V，空载电压有效值为 14V，满载电压有效值为 12V，则是否正常？为什么？

子任务 2-1-4　稳压电路

微课

稳压电路

工作任务

进一步观察直流稳压电源实物电路，指出稳压电路的各元器件组成，理解其工作原理，画出与实物电路相对应的电路原理图。

任务分析

滤波电路虽然能把脉动直流电压中含有的纹波成分滤除，但会受电网电压的波动或负载变动影响，使输出电压的大小不稳定，严重时会损坏电子仪器设备。因此滤波之后还需进行稳压，即将比较平滑的直流电转换成恒定不变的直流电。利用稳压二极管、集成稳压器可以组成稳压电路。

相关知识

微课

硅稳压二极管稳压电路

1. 硅稳压二极管稳压电路

图 2-17（a）所示为由硅稳压二极管电路组成的直流稳压电源电路。图中变压器 Tr 起变压作用，得到电压 u_2，波形如图 2-17（b）所示；4 个二极管构成全波桥式整流电路，将交流电转换成脉动的直流电，得到如图 2-17（c）所示的波形；电容 C 在这里起滤波作用，将脉动的直流电转换成较平滑的直流电，滤波后的波形如图 2-17（d）所示；负载电阻 R_L 和硅稳压二极管 VD 组成稳压电路，将较平滑的直流电转换成稳定的直流电，波形如图 2-17（e）所示。

当电网电压波动或负载变化时，从图 2-17（e）可以看出，电源电路始终输出稳定的直流电压。当然，这种稳压电路输出电压取决于稳压二极管的稳定电压值，并且输出电流也不能很大，所以只适合于一些小负载及稳定度要求不高的场合。

上述这种稳压电路由于稳压元件与负载是并联关系，所以称为并联型稳压电路。除了并联型稳压电路，还有串联型稳压电路，其电路更为完善，特性更加优良。目前应用最广泛的是三端集成稳压电路。

2. 三端集成稳压电路

集成稳压器是利用半导体工艺制成的集成器件，其特点是体积小、稳定性高、性能指标好等，已逐步取代了由分立元件组成的稳压电路。三端集成稳压器可分为三端固定式集成稳压器和三端可调式集成稳压器两大类。

（1）三端固定式集成稳压器。

三端固定式集成稳压器外形与引脚排列图如图 2-18 所示。

三端固定式集成稳压器有三个引出端，即输入端 1、输出端 2 和公共端 3（注，不同封装的集成稳压器的引脚功能不同，请自行查阅相关资

微课

集成稳压电路

料）。稳压器直接输出的是固定电压，分正电压输出（有 LM78xx 系列等）和负电压输出（LM79xx 系列等），xx 表示电压等级。图 2-18 所示的三端固定式集成稳压器 LM7812 输出的是+12V，LM7912 输出的是−12V。

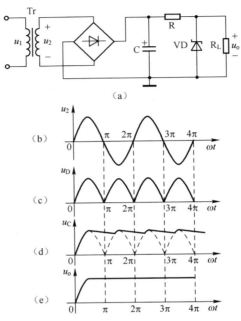

图 2-17　硅稳压二极管电路组成的直流稳压电源电路及波形

　　图 2-19 所示为三端固定式集成稳压器的应用。图中 C_1 的左边为桥式整流环节，C_1 是滤波电容，三端固定式集成稳压器与 C_2 组成稳压环节。整流滤波的输出电压作为稳压器的输入电压，稳压器的输出电压供给负载，C_2 为输出电容，其作用是消除可能产生的振荡。适当配些外接元件，能实现输出电压、输出电流的扩展。

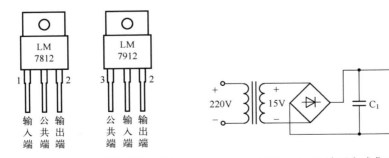

图 2-18　三端固定式集成稳压器　　　　图 2-19　三端固定式集成稳压器的应用
外形与引脚排列图

　　（2）三端可调式集成稳压器。

　　三端可调式集成稳压器外形与引脚排列图如图 2-20 所示。

　　三端可调式集成稳压器的三个引出端分别为调整端 1、输入端 2 和输出端 3（注，不同封装的集成稳压器的引脚功能不同，请自行查阅相关资料）。三端可调式集成稳压器有正电压输出的 CW317 和负电压输出的 CW337。当正电压输出时，其调整端和输出端间的内部电压恒等于 1.25V；当负电压输出时，其调整端和输出端间的内部电压恒等于 -1.25V。三端可调式集成稳压器的应用如图 2-21 所示，其中 U_o 是整流滤波后的输出电压，R 和 R_P 用来调节输出电压，为使电路正常工作，其输出电流一般不小于 5mA，调整端的电流很小可忽略，因 1、3 端的电压恒等于 1.25V，所以输出电压为

$$U_o = 1.25 \times \left(1 + \frac{R_P}{R}\right) V \tag{2-15}$$

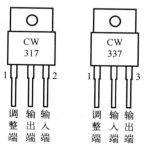

图 2-20　三端可调式集成稳压器外形与
引脚排列图

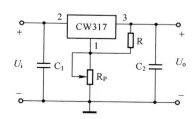

图 2-21　三端可调式集成
稳压器的应用

 任务实施

观察直流稳压电源实物电路，画出稳压电路原理图，分析其工作原理。

 任务训练

1. 课前预习（判断题）

（1）硅稳压二极管既可以并联使用又可以串联使用。（　　　）

（2）直流稳压电路不仅要求在输入电压变化时输出电压基本不变，而且当负载电流变化时，它也要能起到稳压作用。（　　　）

（3）在硅稳压二极管的简单并联型稳压电路中，稳压二极管应工作在反向击穿区，并且与负载电阻并联。（　　　）

（4）并联型稳压电路中负载两端的电压受稳压二极管稳定电压的限制。（　　　）

2. 能力训练

（1）有两个稳压二极管 VD_1 和 VD_2，其稳压值分别为 8.5V 和 5.5V，它们的正向压降均为 0.5V。问使用这两个稳压二极管能得到哪些稳定电压，画出相应的电路图（要求负载电阻有一端接"地"）。

（2）某一整流滤波稳压电路如图 2-22 所示。①求输出电压 U_o；②若 W7812 的输入/输出压降 $U_{1-2} = 3V$，则求输入电压 U_i 及二次侧电压 U_2。

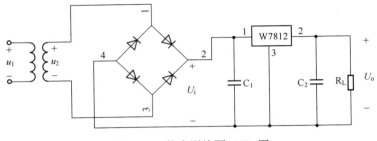

图 2-22　能力训练题（2）图

3. 拓展训练

（1）选择题。

① 稳压二极管是利用其伏安特性的（　　）特性进行稳压的。

A. 反向截止　　　　B. 正向起始　　　　C. 反向击穿　　　　D. 正向导通

② 某硅稳压二极管的稳定电压 $U_z = 4V$，其两端加的电压分别是 5V（正向偏置）和 -5V（反向偏置），则稳压二极管两端的最终电压分别是（　　）。

A. 5V 和 -5V　　　B. -5V 和 -4V　　　C. 4V 和 -0.7V　　　D. 0.7V 和 -4V

③ 在硅稳压二极管组成的简单并联型稳压电路中，R 的作用是（　　）。

A. 既限流又降压　　B. 既降压又调流　　C. 既限流又调压　　D. 既调压又调流

④ LM79xx 系列三端固定式集成稳压器的引脚 1 是（　　）端。

A. 输入　　　　　　B. 输出　　　　　　C. 接地　　　　　　D. 调整

⑤ 稳压电路按调整元件和负载的连接方式不同，可分为（　　）。

A. 串联型和并联型　　　　　　　　　B. 线性稳压电路和开关稳压电路

C. 储能型和非储能型　　　　　　　　D. 固定输出型和可调输出型

⑥ 当输出端负载增加时，稳压电路的作用是（　　）。

A. 使输出电压随负载同步增长，保持输出电流不变

B. 使输出电压几乎不随负载的增长而变化

C. 使输出电压适当降低

D. 使输出电压适当升高

（2）讨论。

识读图 2-23 所示的稳压电路，回答下列问题。

① 电阻 R 在电路中起什么作用？

② 若 $R = 0$，则电路是否具有稳压作用？

③ R 的大小对电路的稳压性能有何影响？

④ 若稳压二极管击穿损坏或断路，则对输出电压有什么影响？

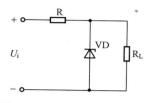

图 2-23　拓展训练题（2）图

实训 5　集成稳压电路的测试

实施要求

（1）学会三端固定式集成稳压电路的连接。
（2）学会使用示波器观察三端固定式集成稳压电路的工作电压波形。

实施器材

（1）万用表 1 块、示波器 1 台。
（2）电子电工实验台。

实施内容及步骤

（1）在电子电工实验台上按照图 2-24 连接电路。

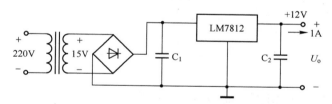

图 2-24　利用 LM7812 构成的稳压电路

（2）检查连接的电路无误后方可进行通电测试，用万用表测量三端固定式集成稳压电路中的 U_{o1} 和 U_o 的值，并记录在表 2-3 中。

（3）用示波器观察三端固定式集成稳压电路中 U_{o1} 和 U_o 的电压波形，并绘制在图 2-25（b）和图 2-25（c）中。

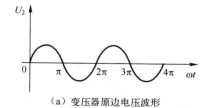

（a）变压器原边电压波形

图 2-25　三端固定式集成稳压电路的工作电压波形

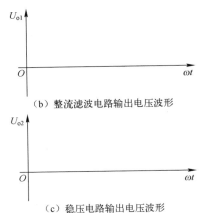

（b）整流滤波电路输出电压波形

（c）稳压电路输出电压波形

图 2-25　三端固定式集成稳压电路的工作电压波形（续）

《集成稳压电路的测试》实训报告

班级＿＿＿＿＿　姓名＿＿＿＿＿　学号＿＿＿＿＿　成绩＿＿＿＿＿

一、根据实训内容填写表 2-3

表 2-3　三端固定式集成稳压电路输出电压值

变压器二次侧电压 U_2/V	整流滤波电路输出电压 U_{o1}/V	稳压电路输出电压 U_o/V

二、根据实训内容完成下列简答题

1. 稳压电路输出电压 U_o 和整流滤波电路输出电压 U_{o1} 为何有差值？三端固定式集成稳压电路工作要有什么条件？

2. 通过示波器观察输出电压与输入电压有何变化？

任务 2-2　应用实践

 学习目标

（1）进一步理解直流稳压电源电路的工作原理，掌握元器件的选择方法。
（2）能看懂三端可调式集成稳压电路原理图和 PCB 图。
（3）会使用万用表等工具检测直流稳压电源电路元器件的质量好坏。
（4）学会电路元器件的安装，能够正确装配焊接电路。

微课

应用实践

（5）学会调试直流稳压电源电路。

 思政目标

通过对实际直流稳压电路的分析、元器件的检测和实物电路的安装与调试，提高学生理论联系实际、分析问题和解决问题的能力，让学生养成精益求精的工作习惯，牢牢树立劳动精神和工匠精神。

子任务 2-2-1　熟悉可调式直流稳压电源电路

 工作任务

进一步熟悉可调式直流稳压电源电路的结构和工作原理，对整体电路进行分解，并指出降压、整流、滤波和稳压各部分电路的元器件组成，识别各元器件在电路中的符号、文字标识和作用。

任务分析

可调式直流稳压电源电路的结构是由降压、整流、滤波和稳压电路组成的，其稳压部分采用三端可调式集成稳压器 LM317，目的是使输出电压在一定范围内可调，在电路的输出端采用了 LED 来显示。

1. 实施要求

熟悉可调式直流稳压电源电路的结构组成，能识别各元器件在电路中的符号和文字标识，掌握并理解各元器件在电路中的作用。

2. 实施步骤

（1）熟悉可调式直流稳压电源电路原理图的结构。
可调式直流稳压电源电路原理图如图 2-26 所示。

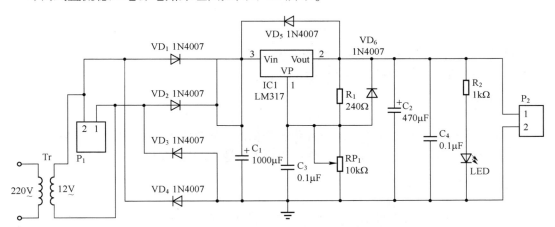

图 2-26　可调式直流稳压电源电路原理图

（2）熟悉各部分电路组成及元器件的作用。

本电路是由三端可调式集成稳压器 LM317 构成的可调式直流稳压电源电路，其输出电压可调范围为 1.25~37V，它由降压变压器、整流电路、滤波电路、稳压电路和再滤波电路构成。对照图 2-26，分析其电路结构组成及各元器件的作用，并填入表 2-4 中。

表 2-4 可调式直流稳压电源电路的结构组成及各元器件的作用

序号	电路结构组成	电路元器件组成	元器件作用
1	降压变压器		
2	整流电路		
3	滤波电路		
4	稳压电路		
5	再滤波电路		
6	输出电压指示电路		

子任务 2-2-2 检测可调式直流稳压电源电路元器件

 工作任务

熟悉 LM317 的封装形式及其引脚的排列，并掌握其主要性能参数。会使用万用表检测直流稳压电源电路元器件的性能好坏。

 **任务分析**

LM317 是可调式直流稳压电源电路的关键器件，其工作性能决定着输出电压的可调范围和稳压性能；会使用万用表检测直流稳压电源电路元器件是正确安装、调试电路的基础。

1. 实施要求

能识别可调式直流稳压电源电路中各元器件实物，学会使用万用表检测其质量好坏，能判断相关元器件的引脚名称。填写元器件检测表，掌握 LM317 的主要性能参数。

2. 实施步骤

（1）首先根据电路元器件清单清点、整理元器件，并分类放置好。
（2）然后逐一进行检测，并将检测结果填入表 2-5 中。

表 2-5 可调式直流稳压电源电路元器件识别与检测表

序 号	标 号	名 称	参 数	数 量	检测结果
1	Tr	变压器	12V 交流输出	1	
2	$VD_1 \sim VD_6$	二极管	1N4007	6	
3	P_1、P_2	接线端子	5.0mm 2P	2	
4	R_1	电阻	240Ω	1	
5	R_2	电阻	1kΩ	1	
6	RP_1	电位器	10kΩ	1	
7	C_1	电容	1000μF	1	
8	C_2	电容	470μF	1	
9	C_3、C_4	瓷片电容	0.1μF	2	
10	LED	发光二极管	红色 5mm	1	
11	IC1	三端可调式集成稳压器	LM317	1	

（3）三端可调式集成稳压器 LM317 简介。

317 系列稳压器的型号很多，如 LM317HVH、W317L 等。LM317 是应用最为广泛的电源芯片之一，它不仅具有三端固定式集成稳压器的最简单形式，还具备输出电压可调的特点。此外，它还具有调压范围宽、稳压性能好、噪声低、纹波抑制比高等优点。它的主要性能参数如下。

① 输出电压：1.25~37V DC。

② 输出电流：5mA~1.5A。

③ 芯片内部具有过热、过流、短路保护电路。

④ 最大输入/输出电压差：40V DC。

⑤ 最小输入/输出电压差：3V DC。

⑥ 使用环境温度：-10~+85℃。

⑦ 存储环境温度：-65~+150℃。

图 2-27 所示为几种不同封装形式的 LM317 外形图。

图 2-27 几种不同封装形式的 LM317 外形图

子任务 2-2-3　安装可调式直流稳压电源电路

工作任务

　　根据直流稳压电源电路原理图和 PCB 图，采用规范的安装程序对可调式直流稳压电源电路元器件的引脚进行整形、插装、焊接、装配和调试。

任务分析

　　准确无误地安装电路是保证直流稳压电源电路正常工作的前提，电路安装前必须对元器件的引脚进行必要的整形，根据 PCB 的实际要求，合理选择元器件安装的位置，按照规范的安装工作要求对元器件进行焊接。

1. 实施要求

　　学会元器件引脚的整形与插装，熟练掌握手工焊接技能，能对可调式直流稳压电源电路进行焊接安装并检查。

2. 实施步骤

　　（1）元器件引脚整形和试插装。

　　针插式元器件的安装方式有卧式和立式两种，可根据 PCB 安装面积来选择，一般元器件安装面积大时可选择卧式，面积小时可选择立式。在安装前必须对元器件的引脚进行必要整形。本项目必须对整流二极管、电阻和电容进行整形，如图 2-28（a）所示。按照元器件检测表清单和 PCB 上的元器件编号，找准各元器件的位置，将所有元器件进行试插装，并观察元器件总体插装情况是否合理，如图 2-28（b）所示。

（a）元器件引脚整形　　　　　　　　　　（b）试插装

图 2-28　元器件引脚整形和试插装

　　（2）元器件的安装、焊接。

　　先将 PCB 试插装上的元器件逐个取下，然后依次重新把元器件安装在 PCB 上，每安装一个元器件，就得用电烙铁焊接使之固定在 PCB 上，再接着安装下一个元器件并进行焊接，直至全部元器件安装、焊接完，如图 2-29 所示。在操作的过程中必须注意安装、焊接的顺序，具体原则：高度低、体积小的元器件要先安装、焊接，高度高、体积大的元器件要后安装、焊接；一般情况下先安装、焊接元件，后安装、焊接器件。特别要注意的是，各电阻元件不能随意调换安装位置；二极管、电解电容具有极性，千万不能焊反，另外 LM317 和电位器引脚也不能插反。最后检查元器件是否有错焊、漏焊、虚焊、连焊等情况，若存在则必须及时更正。

（a）PCB安装面

（b）PCB焊接面

图 2-29　元器件安装、焊接

（3）整机装配。

将焊接好的 PCB 和相关连接线连接组装起来，这样就形成了一个可调式直流稳压电源电路成品。

3. 学习评价

元器件的安装、焊接评价表如表 2-6 所示，按照评价标准进行评分。

表 2-6　元器件的安装、焊接评价表

考核时间	60 分钟	实际时间		自　　时　　分起至　　时　　分	
项　　目	考核内容		配分/分	评价标准	扣分/分
元器件的整形情况及插装	（1）元器件的整形情况。 （2）插装位置、色环方向、标记方向和极性情况。 （3）元器件的排列情况		40	（1）元器件整形正确、无错误、美观，每错误一处扣 3 分。 （2）插装位置正确、电阻色环方向一致、标记向外、极性正确无误、每错误一处扣 3 分。 （3）元器件排列整齐、美观，每错误一处扣 2 分	
焊接质量	（1）焊点质量情况。 （2）元器件引线和引脚处理情况		40	（1）不能出现连焊、假焊、虚焊、漏焊和焊盘脱落等情况，每错误一处扣 3 分。 （2）不能出现毛刺、焊料过多、焊点不光滑、引脚或引线过长等情况，每错误一处扣 2 分	

考核时间	60分钟	实际时间		自 时 分起至 时 分	
项 目	考核内容		配分/分	评 价 标 准	扣分/分
板面工艺	板面整体情况		10	元器件排列整齐、同类元器件高低一致、板面清洁、美观，每错误一处扣2分	
安全文明操作	(1) 工作台上工具摆放情况。 (2) 操作过程情况		10	(1) 工作台上工具按要求摆放整齐，每错误一处扣2分。 (2) 焊接时应轻拿轻放，不得损坏元器件和工具，每错误一处扣3分。 (3) 不可带电焊接和带电更换元器件，每违规一次扣5分	
合计			100		
时间	规定时间60分钟			超时扣除总分一半	
教师签名					

子任务 2-2-4　调试可调式直流稳压电源电路

工作任务

用万用表检测稳压电路各点电压的值是否正常、输出电压是否可调；使用示波器测试电路各点电压的波形是否符合稳压要求。

任务分析

稳压电源电路安装完毕后，使用万用表和示波器对电路进行调试，检验电路是否能达到预定的功能，测试稳压电源电路各电压的波形是否符合要求。

1. 实施要求

学会可调式直流稳压电源电路调试的基本方法，并完成电路的调试，达到实现电路输出电压的可调功能和稳压效果。

2. 实施步骤

电路安装、焊接后，需要进行调试，检验电路是否能达到预定的功能。调试步骤如下。
（1）准备调试仪器、仪表；准备示波器和万用表等。
（2）检验电路是否能接通电源。接入220V交流电源，观察LED是否被点亮，若被点亮，则说明电源能正常接入，变压器、整流和滤波电路正常。否则，必须检查LED或变压器、整流和滤波电路，并排除故障。
（3）检验输出电压是否可调。将电位器旋至最大，万用表选择直流50V电压挡，再次接入 220V 交流电源，用万用表直接测量电源电路输出端电压，缓慢旋转电位器，这时可观察万用表显示的电压值是否有变化。若没电压输出或万用表显示的电压值无变化，则说明 LM317 及周边电路存在故障，应先检查电路排除故障。

（4）测试电路各点电压波形。分别使用示波器测量变压器二次侧电压、整流滤波输出电压和 LM317 稳压输出电压的波形是否符合要求，如果电压值或波形明显不符合要求，则必须检查电路元器件的参数或性能并更换新的元器件，直到符合要求为止。

3. 调试作业指导书

电路调试内容及过程可参考表 2-7 和表 2-8，并进行调试。

表 2-7 调试作业指导书

项　目	操作内容	检查或测试结果	分　析	措　施
交流 220V 是否接入电路	用万用表交流电压挡测量接线端子 P1 两端电压是否为交流 12V	是	交流 220V 接入电路	—
		否	交流电源线、降压变压器存在故障	用万用表检测电源线是否断路、变压器线圈是否开路
检查整流、滤波电路	用万用表直流电压挡测量电容 C_1 两端电压是否正常	正常约为 14.4V	变压器整流、滤波电路基本正常	—
		不正常	变压器、整流、滤波电路存在故障	（1）检查整流滤波电路连接是否正常并排除故障。（2）用万用表测量变压器、整流二极管、滤波电容是否正常并排除故障
检验输出电压可调功能	用万用表测量稳压输出电压是否可调	可调	稳压电路基本正常	—
		不可调	LM317 稳压电路存在故障	（1）检查稳压电路连接是否正常并排除故障。（2）用万用表测量 LM317 及电位器是否正常并排除故障

表 2-8 电路电压测试指导书

项　目	操作内容	测试结果	测试波形
输入电压测试	用示波器测量变压器二次侧电压波形	电压类型：_____。电压幅值：$V_{p-p} =$ _____。电压周期：$T =$ _____	
整流滤波电路电压测试	用示波器测量滤波电容两端的电压波形	电压类型：_____。电压幅值：$V_{p-p} =$ _____。电压周期：$T =$ _____	
稳压电路输出电压测试	用示波器测量 LM317 引脚 2 的电压波形	电压类型：_____。电压幅值：$V_{p-p} =$ _____。电压周期：$T =$ _____	

项目 3　音频放大电路的安装与调试

任务 3-1　剖析音频放大电路

学习目标

（1）掌握放大电路的基本结构组成及特点。

（2）了解放大电路的功能，明确各元器件的作用。

（3）理解放大电路的工作原理，从中体会放大电路的工作过程，会分析放大电路中三极管或场效应管各电极电流及各极间电压与放大电路静态时各量之间的关系，进一步理解静态工作点在放大电路中的作用。

（4）掌握基本放大电路的分析方法并能计算其技术指标。

（5）掌握多级放大电路的极间耦合方式及特点。

（6）掌握负反馈放大电路的四种组态，理解负反馈对放大电路性能的影响。

（7）掌握功率放大电路、集成运算放大电路的结构特点和工作状态。

（8）掌握集成运算放大电路的应用。

思政目标

放大电路是应用最广泛的电子电路之一，也是构成其他电子电路的基本单元电路。它可以将电压、电流或功率等电信号不失真放大，是构成模拟电子电路的重要基础。让学生充分了解将放大电路应用在音像设备、电子仪器、测量系统、控制系统及图像处理系统等领域给国民生产带来的便利。通过对音频放大电路的剖析，培养学生微观动态、动静结合的思维习惯，帮助学生树立科学严谨的学习态度，不断激发学生学习兴趣，增强学生学习电子技术的信心和决心，为今后走向工作岗位打下扎实基础。

子任务 3-1-1　放大电路的基本知识

工作任务

了解放大电路的概念，掌握放大电路的基本结构，理解放大电路的基本原理及其主要技术指标。

任务分析

放大电路是模拟电子技术中最重要的电路之一，是构成各种应用电路的基本单元电路，它能实现将微弱的电信号放大输出，满足各种负载的需求。通过学习，可以理解放大电路基本原理和主要技术指标。

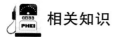 **相关知识**

　　放大电路的主要作用是放大电信号，也被称为放大器。

　　放大电路的种类较多，按用途可分为电压（或电流）放大电路和功率放大电路。电压（或电流）放大电路以放大信号电压（或电流）为主要任务，功率放大电路要求有较大的输出功率；按结构可分为共发射极放大电路、共集电极放大电路、共基极放大电路和差分放大电路；按采用的放大器件可分为三极管放大电路、场效应管放大电路和集成器件放大电路；按工作频率可分为直流放大电路和交流放大电路。它们的电路结构形式和性能指标虽然有所不同，但基本原理是相同的。

1. 放大电路的基本结构

　　图 3-1 所示为放大电路的基本结构图。从图中可以看出，信号源提供能量较小的电信号（电流、电压或功率）输入放大电路，经放大电路放大后输出能量较大的电压、电流或功率给负载 R_L。根据能量守恒定律，放大电路并不直接放大能量较小的电信号，而是通过三极管按较小输入信号变化规律的控制作用将直流电源转换，从而输出能量较大的电压、电流或功率。所以放大电路输出的较大能量都来自放大电路的直流电源。

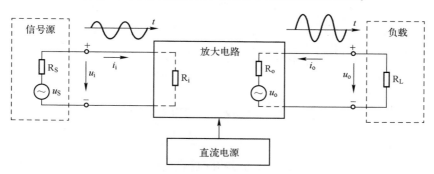

图 3-1　放大电路的基本结构图

　　以音频放大电路为例，当人对着话筒讲话时，话筒会把声音的声波变化转换成同样规律变化的弱小电信号，经音频放大电路放大后输出给扬声器转换成更大的声音，这就是音频放大电路的放大作用。这种放大还要求放大后的声音必须真实地反映讲话人的声音和语调，是一种不失真的放大。若把音频放大电路的电源切断，则扬声器便不发声了，可见扬声器得到的能量是从电源能量转换而来的。

2. 放大电路的主要技术指标

（1）电压放大倍数（电压增益）A_u。

　　电压放大倍数是直接衡量放大电路电压放大能力的重要指标，其值是输出电压 $\dot{U}_o$ 与输入电压 $\dot{U}_i$ 的比值，即

$$A_{\mathrm{u}} = \frac{\dot{U}_{\mathrm{o}}}{\dot{U}_{\mathrm{i}}} \qquad\qquad (3\text{-}1)$$

当电压放大倍数比较大时，通常用电压增益 G_{u} 来表示，其单位是分贝（dB），电压增益是对电压放大倍数取对数得到的，即

$$G_{\mathrm{u}} = 20\lg|A_{\mathrm{u}}| = 20\lg\left|\frac{\dot{U}_{\mathrm{o}}}{\dot{U}_{\mathrm{i}}}\right| \qquad\qquad (3\text{-}2)$$

（2）输入电阻。

在图 3-2（a）中，当输入电压 $\dot{U}_{\mathrm{i}}$ 加在输入端时，在输入回路中就会产生输入电流 $\dot{I}_{\mathrm{i}}$，根据等效概念，放大电路（含负载 R_{L}）可视为信号源的一个负载电阻 r_{i}，即

$$r_{\mathrm{i}} = \frac{\dot{U}_{\mathrm{i}}}{\dot{I}_{\mathrm{i}}} \qquad\qquad (3\text{-}3)$$

式中，r_{i} 称为放大电路的输入电阻，它是一个交流等效电阻。图 3-2（b）所示为该输入电阻的等效电路，从图中可以看出，r_{i} 的大小决定了放大电路从信号源中获取输入电流 $\dot{I}_{\mathrm{i}}$ 的大小。在实际应用电路中，我们通过减小 $\dot{I}_{\mathrm{i}}$ 来减轻信号源的负担，同时尽可能地让放大电路获得大的信号输入电压 $\dot{U}_{\mathrm{i}}$，并希望放大电路的输入电阻 r_{i} 越大越好。

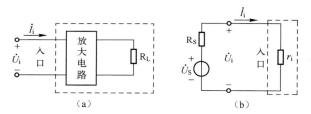

图 3-2　放大电路输入电阻等效电路

（3）输出电阻。

在图 3-3（a）中，当放大电路接上负载 R_{L} 后，其输出电压 $\dot{U}_{\mathrm{o}}$ 的大小会随负载 R_{L} 阻值的变化而变化。根据电源等效定理，对负载 R_{L} 来说，放大电路和信号源一起可以等效成内阻为 r_{o} 的电压源（或电流源），如图 3-3（b）所示，等效电压源的内阻为放大电路的输出电阻，电压源的源电压 $\dot{U}_{\mathrm{o}}'$ 为放大电路空载时的输出电压 $\dot{U}_{\mathrm{OOC}}$，$\dot{U}_{\mathrm{o}}$ 为放大电路带负载 R_{L} 时的输出电压，它们之间的关系满足：

$$\dot{U}_{\mathrm{o}} = \frac{R_{\mathrm{L}}}{r_{\mathrm{o}} + R_{\mathrm{L}}} \cdot \dot{U}_{\mathrm{o}}'$$

输出电阻：

$$r_{\mathrm{o}} = \left(\frac{\dot{U}_{\mathrm{o}}'}{\dot{U}_{\mathrm{o}}} - 1\right) \cdot R_{\mathrm{L}} \qquad\qquad (3\text{-}4)$$

从式（3-4）可以看出，当负载电阻 R_{L} 的阻值变化时，r_{o} 越小，放大电路输出电压 $\dot{U}_{\mathrm{o}}$ 的变化越小，放大电路带负载的能力越强。因此，通常希望放大电路输出级的输出电阻 r_{o} 越小越好。

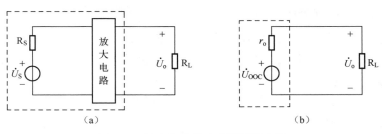

图 3-3　放大电路输出电阻等效电路

子任务 3-1-2　共发射极放大电路

 工作任务

分析共发射极放大电路的结构组成及工作原理，计算其静态工作点、电压放大倍数、输入电阻和输出电阻。

 任务分析

共发射极放大电路是模拟电子电路中应用最广泛的一种放大电路形式，能实现电流的变化转换成电压的变化，主要用来将微弱的电信号放大输出。共发射极放大电路既能放大电压信号又能放大电流信号，一般用在低频放大电路和多级放大电路的中间级。通过学习，可以进一步理解三极管放大原理，学会计算放大电路的主要技术指标。

 相关知识

一、固定式偏置共发射极放大电路

1. 电路的结构组成及元器件的作用

图 3-4 所示为以 NPN 型三极管为核心的单级电压放大电路，输入信号经电容 C_1 加至三极管的基极和发射极，输出信号又从三极管的集电极和发射极经电容 C_2 输出。发射极是输入和输出的公共端，故称其为共发射极放大电路。

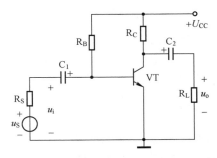

图 3-4　以 NPN 型三极管为核心的单级电压放大电路

各元器件的作用如下。

（1）三极管 VT：放大电路的核心元件，起电流放大作用。

（2）直流电源 U_{CC}：为电路提供各种电压和电流，适当设置 R_B、R_C 的阻值，可使三极管的发射结正偏、集电结反偏，保证三极管工作在放大区。

（3）基极偏置电阻 R_B：为三极管提供合适的基极电流 I_B，改变 R_B 的阻值，即可改变基极偏流 I_B 的大小，从而改变三极管的工作状态。

（4）集电极负载电阻 R_C：当三极管的集电极电流受基极电流控制而发生变化时，流过负载电阻的电流会在集电极电阻 R_C 上产生电压变化，从而引起 U_{CE} 的变化，这个变化的电压就是输出电压 U_o，假设 $R_C=0$，则 $U_{CE}=U_{CC}$，当 I_C 变化时，U_{CE} 无法变化，因而就没有交流电压传送给负载 R_L。

（5）耦合电容 C_1 和 C_2：利用电容对交流电的阻抗很小的特点进行信号传输，以实现电信号耦合；同时利用电容对直流电的阻抗很大来隔断直流，从而避免信号源与放大电路之间、放大电路与负载之间直流电流的相互影响。因此耦合电容的作用是"隔直通交"。

2. 共发射极放大电路的静态分析

在放大电路未加输入信号，即 $u_i=0$ 时，电路的工作状态称为静态。

（1）静态工作点。

静态下三极管各极的电流和电压没有变化，都是直流分量。此时直流分量 I_B、I_C、U_{CE} 的值在三极管输出特性曲线上对应的点称为放大电路的静态工作点，又称 Q 点，如图 3-5 所示。此时各相应的直流量分别用 I_{BQ}、U_{BEQ}、I_{CQ}、U_{CEQ} 来表示。设置合适的静态工作点可保证三极管处于线性放大区，完成对小信号不失真放大。

（2）直流通路及静态工作点的计算。

直流通路是放大电路中直流电通过的路径，计算静态工作点应先画出放大电路的直流通路。由于电容具有隔断直流的作用，因此画直流通路时将电容视为开路，将电感视为短路。图 3-6 是图 3-4 中共发射极放大电路的直流通路。

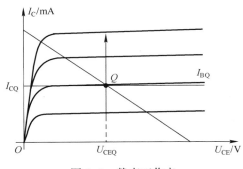

图 3-5　静态工作点

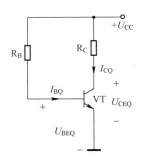

图 3-6　直流通路

在图 3-6 中，根据基尔霍夫回路电压定律，可列出：

$$U_{CC}=I_{BQ}R_B+U_{BEQ}$$

可得

$$I_{\text{BQ}} = \frac{U_{\text{CC}} - U_{\text{BEQ}}}{R_{\text{B}}} \approx \frac{U_{\text{CC}}}{R_{\text{B}}} \qquad\qquad (3\text{-}5)$$

式中，$U_{\text{BEQ}} = 0.7\text{V}$ 或 0.3V，估算时可忽略。

$$I_{\text{CQ}} = \beta I_{\text{BQ}} \qquad\qquad (3\text{-}6)$$

三极管集电极 C 和发射极 E 之间的管压降 U_{CEQ} 为

$$U_{\text{CEQ}} = U_{\text{CC}} - R_{\text{C}} I_{\text{CQ}} \qquad\qquad (3\text{-}7)$$

【例题 3-1】 在如图 3-4 所示的共发射极放大电路中，已知 $U_{\text{CC}} = 12\text{V}$ ，$R_{\text{B}} = 300\text{k}\Omega$，$\beta = 50$，$R_{\text{C}} = 3\text{k}\Omega$。试求静态工作点。

解： 根据基尔霍夫回路电压定律可列出输入回路和输出回路的方程为

$$U_{\text{CC}} = I_{\text{BQ}} R_{\text{B}} + U_{\text{BEQ}}$$

$$U_{\text{CC}} = I_{\text{CQ}} R_{\text{C}} + U_{\text{CEQ}}$$

则

$$I_{\text{BQ}} = \frac{U_{\text{CC}} - U_{\text{BEQ}}}{R_{\text{B}}} \approx \frac{U_{\text{CC}}}{R_{\text{B}}} = \frac{12\text{V}}{300\text{k}\Omega} = 40\mu\text{A}$$

$$I_{\text{CQ}} = \beta I_{\text{BQ}} = 50 \times 40\mu\text{A} = 2\text{mA}$$

$$I_{\text{EQ}} = (1 + \beta) I_{\text{BQ}} = 51 \times 40\mu\text{A} = 2.04\text{mA}$$

$$U_{\text{CEQ}} = U_{\text{CC}} - R_{\text{C}} I_{\text{CQ}} = 12\text{V} - (2\text{mA} \times 3\text{k}\Omega) = 6\text{V}$$

3. 共发射极放大电路的动态分析

1）电路的动态

在放大电路输入端加入信号时，电路的工作状态称为动态。这时输入信号 u_{i} 叠加在直流的 U_{BE} 上，形成了既有直流量又有交流量的总变化量：$u_{\text{BE}} = U_{\text{BE}} + u_{\text{i}}$。基极电流也随之发生变化，得到了一个基极电流总变化量：$i_{\text{B}} = I_{\text{B}} + i_{\text{b}}$。式中，$i_{\text{b}}$ 是由 u_{i} 的变化引起的基极电流的交流变化量。经过三极管放大后，得到集电极电流交流变化量 i_{c}，形成了集电极电流的总变化量：$i_{\text{C}} = I_{\text{C}} + i_{\text{c}}$。

动态工作情况如图 3-7 所示。

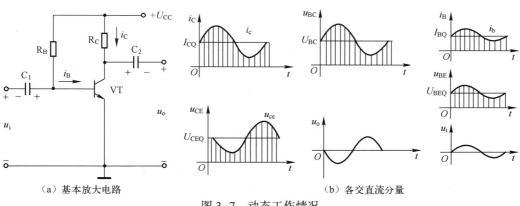

（a）基本放大电路　　　　　　　（b）各交直流分量

图 3-7　动态工作情况

为了分析放大电路的动态工作情况，计算放大电路的放大倍数，应画出交流通路。交流通路是放大电路中交流电流通过的路径。对频率较高的交流信号来说，电容相当于短路，一般直流电源的内阻很小；对交流信号来说，直流电源可视为短路。图 3-8 所示为图 3-7（a）中放大电路的交流通路。

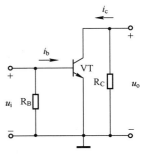

图 3-8 图 3-7（a）中放大电路的交流通路

2）微变等效电路分析法

我们把由三极管非线性元件组成的放大电路看成一个线性电路，用线性电路的分析方法来分析，这种方法称为微变等效电路分析法。动态分析常采用微变等效电路来计算微弱的电信号经放大电路放大了多少倍（如 A_u、A_i）、放大电路对交流信号所呈现的输入电阻 r_i、输出电阻 r_o 等。

（1）三极管的微变等效电路。

如图 3-9 所示，电压变化量 $\Delta u_{BE}(u_{be})$ 和电流变化量 $\Delta i_B(i_b)$ 之间近似呈线性关系。所以，当仅考虑放大电路输入回路的电压、电流微小变化时，可将三极管等效成一个线性电路，称为三极管的微变等效电路。

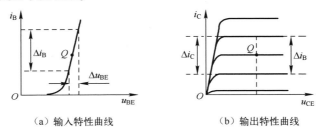

（a）输入特性曲线　　　　　（b）输出特性曲线

图 3-9 三极管的特性

如图 3-10（a）所示，三极管在小信号电压 u_{be} 的作用下，电压变化量 $\Delta u_{BE}(u_{be})$ 和电流变化量 $\Delta i_B(i_b)$ 之间近似呈线性关系。这表明，三极管的输入口（基极和发射极之间）对于微变量 u_{be}、i_b 来说，可以等效成一个线性电阻，称为三极管的动态输入电阻，用 r_{be} 表示，即

$$r_{be} = \frac{\Delta u_{BE}}{\Delta i_B} = \frac{u_{be}}{i_b} \tag{3-8}$$

r_{be} 通常用下式估算：

$$r_{be} = (100 \sim 300) + (1+\beta)\frac{26}{I_{EQ}} \tag{3-9}$$

式（3-9）中，$(100 \sim 300)\Omega$ 为三极管基极到发射极之间（基区）半导体材料的体电阻。通常取 300Ω，I_{EQ} 为三极管的发射极静态电流，$\frac{26}{I_{EQ}}$ 为发射结的动态电阻。流过发射结的电流是 i_e，它是 i_b 的 $(1+\beta)$ 倍，故把它折合到基极输入回路需要乘以 $(1+\beta)$。

由图 3-9（b）所示的输出特性曲线可以看出，各条曲线在放大区域内几乎呈水平线、相互平行且分布均匀，这说明集电极电流的变化量 $\Delta i_C(i_c)$ 与基极电流的变化量 $\Delta i_B(i_b)$ 呈比例关系，与 u_{CE} 的微小变化量 $\Delta u_{CE}(u_{ce})$ 无关。所以三极管的输出口（集电极和发射极之间）对于微变量 u_{ce}、i_c 可等效为一个电流控制电流源 βi_b，β 为三极管的电流放大系数。若只考虑三极管电压、电流之间的主要关系，忽略 u_{ce} 对 i_c 的影响和 u_{ce} 对输入特性的影响等因素，可建立图 3-10（b）所示的三极管工作在低频时的简化微变等效电路。

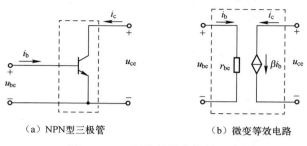

（a）NPN型三极管　　　　　　（b）微变等效电路

图 3-10　三极管的微变等效电路

（2）微变等效电路分析法。

放大电路的微变等效电路分析法是将三极管用微变等效电路来代替，然后用线性电路的分析法对放大电路进行分析。在图 3-4 中，只有当交流输入信号 u_i 单独作用时，才能体现输入回路的电压、电流是微小变化的。由此，可先画出图 3-11（a）所示放大电路的交流通路，再将其中的三极管用微变等效电路来代替，即可得图 3-11（b）所示的微变等效电路。假设交流输入信号 u_i 为正弦量，则电路中各电压、电流都可用相量来表示。

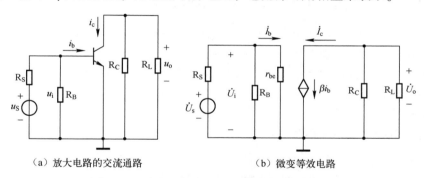

（a）放大电路的交流通路　　　　　　（b）微变等效电路

图 3-11　放大电路的交流通路及微变等效电路

① 电压放大倍数。

在图 3-11（b）中，当放大电路不带负载时，放大电路的电压放大倍数为

$$A_u = \frac{\dot{U}_o}{\dot{U}_i} = -\frac{R_C \dot{I}_c}{r_{be} \dot{I}_b} = -\frac{R_C \beta \dot{I}_b}{r_{be} \dot{I}_b} = -\frac{\beta R_C}{r_{be}} \tag{3-10}$$

由式（3-10）可知，放大电路空载时的电压放大倍数与集电极电阻 R_C 成正比，并与 β 和 r_{be} 的大小有关，式中的"-"号表示输出电压与输入电压的相位相反。

当放大电路带上负载时，负载电阻 R_L 与集电极电阻 R_C 并联，设此时的电压放大倍数为

$$R_L' = R_L // R_C = \frac{R_L \times R_C}{R_L + R_C}$$

$$A_{uL} = \frac{\dot{U}_o}{\dot{U}_i} = -\frac{R'_L \dot{I}_c}{r_{be} \dot{I}_b} = -\frac{R'_L \beta \dot{I}_b}{r_{be} \dot{I}_b} = -\frac{\beta R'_L}{r_{be}} \tag{3-11}$$

将式（3-10）与式（3-11）进行对比，由于 $R'_L < R_C$，故 $A_{uL} < A_u$，由此可见，放大电路的负载电阻 R_L 越小，放大电路的放大倍数就越小。

② 输入电阻 r_i。

由图 3-12 所示的放大电路的输入端口，可得放大电路的输入电阻为

$$r_i = \frac{\dot{U}_i}{\dot{I}_i} = R_B // r_{be} \approx r_{be} \tag{3-12}$$

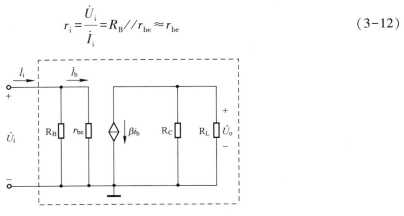

图 3-12　放大电路的输入端口

在放大电路中，由于 R_B 的阻值比较大，所以输入电阻 r_i 近似等于三极管的动态输入电阻 r_{be}。一般情况下，我们总希望放大电路的输入电阻尽量大一些，这样就能使信号源的输出电流 i_i 小一些，若 r_i 小，则信号源的输出电流 i_i 就大，也就是要求信号源的输出功率大，这不是我们希望的。

③ 输出电阻 r_o。

图 3-13 所示为放大电路的输出端口，它包含了信号源和三极管放大电路，可以看作一个有源二端网络，依据有源二端网络等效电阻理论，我们将负载 R_L 断开。当输入信号电压 $\dot{U}_s = 0$ 时，$\dot{I}_b = 0$，则 $\dot{I}_c = \beta \dot{I}_b = 0$，即受控电流源支路是断开的。从输出端向左看进去，放大电路输出端的交流等效电阻为

$$r_o = R_C \tag{3-13}$$

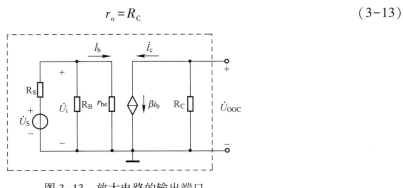

图 3-13　放大电路的输出端口

【例题 3-2】 在图 3-4 所示的共发射极基本放大电路中，已知 $U_{CC}=12V$，$R_C=R_L=2k\Omega$，$R_B=300k\Omega$，$R_S=3k\Omega$，$\beta=70$。试求，（1）电压放大倍数 A_u 和 A_{uL}；（2）输入电阻 r_i 和输出电阻 r_o。

解：（1）电压放大倍数 A_u 和 A_{uL}。

因三极管的动态输入电阻 r_{be} 与静态工作电流 I_{EQ} 有关，所以先用估算法计算静态工作电流：

$$I_{BQ}=\frac{U_{CC}-U_{BEQ}}{R_B}\approx\frac{U_{CC}}{R_B}=\frac{12V}{300k\Omega}=0.04mA$$

$$I_{EQ}=(1+\beta)I_{BQ}\approx\beta I_{BQ}=70\times0.04mA=2.8mA$$

根据式（3-9）可得

$$r_{be}=300+(1+\beta)\frac{26mV}{I_E mA}$$

$$=300+(1+70)\times\frac{26mV}{2.8mA}$$

$$\approx0.96k\Omega$$

根据式（3-10）和式（3-11）可得

$$A_u=-\frac{\beta R_C}{r_{be}}=-\frac{70\times2}{0.96}\approx-146$$

$$A_{uL}=-\frac{\beta R'_L}{r_{be}}=-\frac{\beta\times\dfrac{R_L\times R_C}{R_L+R_C}}{r_{be}}=-\frac{70\times\dfrac{2\times2}{2+2}}{0.96}\approx-73$$

（2）输入电阻 r_i 和输出电阻 r_o。

根据式（3-12）、式（3-13）可得

$$r_i=R_B//r_{be}\approx r_{be}=0.96k\Omega$$

$$r_o=R_C=2k\Omega$$

二、静态工作点稳定的放大电路

在共发射极放大电路中，设置合适的静态工作点，是保证放大电路工作性能稳定的关键。但是，三极管是非线性器件，对温度的变化非常敏感，温度升高会导致三极管发射结正向压降 U_{BE} 减小、电流放大系数 β 增大、穿透电流 I_{CEO} 增加等。最终导致集电极电流 I_C 随温度升高而增大。这样将使已经设置好的静态工作点在温度变化时不稳定，导致输出信号出现非线性失真。另外，影响静态工作点不稳定的因素除温度外，还有电源电压的波动、电路参数的改变，以及三极管本身老化等。

因此，为了稳定三极管放大电路的静态工作点，使它基本不受温度变化和其他因素的影响，必须对三极管偏置电路加以改进。下面介绍一种分压式稳定工作点的偏置电路，简称分压式偏置电路。

1. 分压式偏置电路的结构

如图 3-14 所示，因其基极电压主要由 R_{B1} 和 R_{B2} 分压产生，故称为分压式偏置电路。该电路利用电阻 R_{B1} 和 R_{B2} 分压来稳定基极电位，通常由于 I_{BQ} 很小，且有 $I_1 \gg I_{BQ}$，故 $I_1 \approx I_2$。这样，基极电位为

$$U_B = \frac{R_{B2}}{R_{B2}+R_{B1}} \cdot U_{CC} \tag{3-14}$$

由式（3-14）可以说明 U_B 是由 U_{CC} 经 R_{B1} 和 R_{B2} 分压决定的，故不随温度变化。另外，利用发射极电阻 R_E 来获得反映电流 I_E 变化的信号，反馈到输入端，实现静态工作点的稳定。并联在 R_E 两端的电容 C_E 称为射极旁路电容，通常选择容量比较大的电解电容（一般为几十至几百微法），在三极管动态工作情况下，C_E 可视为短路，对交流分量不影响，故图 3-14 仍然是共发射极放大电路。

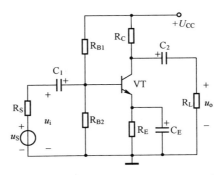

图 3-14　分压式偏置共发射极放大电路

当温度升高时，三极管的集电极电流 I_C 和发射极电流 I_E 及发射极电阻 R_E 上的电压降趋于增大，发射极电位 U_E 有升高的趋势，但因基极电位 U_B 基本恒定不变，故发射结正向偏压 U_{BE} 必然减小，由三极管的输入特性曲线可知，这将导致基极电流 I_B 减小，正好阻碍了发射极电流 I_E 和集电极电流 I_C 的增大，从而使 I_E、I_C 趋于稳定，静态工作点的自动调节过程如下所示：

$$温度{\uparrow} \longrightarrow I_C{\uparrow} \longrightarrow I_E{\uparrow} \longrightarrow U_E(=I_ER_E){\uparrow} \longrightarrow U_{BE}(=U_B-I_ER_E){\downarrow} \longrightarrow I_B{\downarrow}$$
$$I_C{\downarrow}$$

通常 $U_B \gg U_{BE}$，所以发射极电流：

$$I_E = \frac{U_E}{R_E} = \frac{U_B-U_{BE}}{R_E} \approx \frac{U_B}{R_E} = \frac{U_{CC}R_{B2}}{R_E(R_{B2}+R_{B1})} \tag{3-15}$$

根据 $I_1 \approx I_2 \gg I_B$ 和 $U_B \gg U_{BE}$ 两个条件得到式（3-15），从式中可以看出，I_E 仅取决于电源电压 U_{CC}、基极偏置电阻 R_{B1}、R_{B2} 和发射极偏置电阻 R_E，因此 I_E 是稳定的；因为 $I_C \approx I_E$，故 I_C 也是稳定的。

从以上分析可以得到，U_B 和 I_C 是稳定的，基本上不随温度变化，与三极管的参数 β 无关。

2. 分析与计算

下面通过例题来分析分压式偏置电路的静态和动态指标。

【例题 3-3】 在图 3-14 中，已知电源电压 $U_{CC}=24V$，$R_{B1}=33k\Omega$，$R_{B2}=10k\Omega$，$R_E=2k\Omega$，$R_C=3.3k\Omega$，硅三极管的 $\beta=60$。求：（1）计算静态工作点；（2）电压放大倍数 A_u、输入电阻 r_i 和输出电阻 r_o。

解：（1）用估算法求静态工作点。

根据直流通路的画法，画出图 3-14 的直流通路如图 3-15 所示，并按式（3-14）计算 U_B：

$$U_B = \frac{R_{B2}}{R_{B2}+R_{B1}} \cdot U_{CC} = \frac{10}{33+10} \times 24 \approx 5.58V$$

因为

$$U_E = U_B - U_{BEQ} = 5.58 - 0.7 = 4.88V$$

所以

$$I_{EQ} = \frac{U_E}{R_E} = \frac{4.88V}{2k\Omega} = 2.44mA$$

$$I_{CQ} \approx I_{EQ} = 2.44mA$$

根据基尔霍夫回路电压定律可得输出回路的电压方程：

$$
\begin{aligned}
U_{CEQ} &= U_{CC} - I_{CQ}(R_C + R_E)\\
&= 24V - 2.44mA \times (3.3k\Omega + 2k\Omega)\\
&\approx 11.1V
\end{aligned}
$$

（2）用微变等效电路法求电压放大倍数。

画出图 3-16 所示的微变等效电路，根据式（3-9）可得

$$r_{be} = 300 + (1+\beta)\frac{26}{I_{EQ}} = 300 + (1+60) \times \frac{26}{2.44} = 0.95k\Omega$$

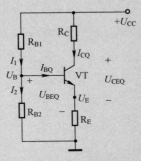

图 3-15　分压式偏置
电路的直流通路

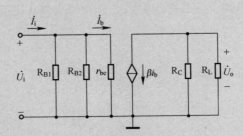

图 3-16　分压式偏置
电路的微变等效电路

根据式（3-10）可得

$$A_u = \frac{\dot{U}_o}{\dot{U}_i} = -\frac{R_C \dot{I}_e}{r_{be}\dot{I}_b} = -\frac{R_C \beta \dot{I}_b}{r_{be}\dot{I}_b} = -\frac{\beta R_C}{r_{be}} = -\frac{60 \times 3.3k\Omega}{0.95k\Omega} \approx -208$$

从图 3-16 所示的微变等效电路的输入回路中可以看出，放大电路的输入电阻是 R_{B1}、R_{B2} 和 r_{be} 的并联值，即

$$r_i = R_{B1} // R_{B2} // r_{be} = \cfrac{1}{\cfrac{1}{33} + \cfrac{1}{10} + \cfrac{1}{0.95}} \approx 0.85\text{k}\Omega$$

输出电阻为

$$r_o = R_C = 3.3\text{k}\Omega$$

 任务实施

分析共发射极放大电路的结构组成及工作原理，分别计算固定式偏置共发射极放大电路和分压式偏置共发射极放大电路的静态工作点、电压放大倍数、输入电阻和输出电阻。

 任务训练

1. 课前预习（判断题）

（1）放大电路的静态工作点是指未加交流信号的起始状态。（　　）

（2）放大电路带上负载后，其电压放大倍数和输出电压会上升。（　　）

（3）在共发射极放大电路中，输出电压与输入电压同相位。（　　）

（4）放大电路工作时，电路中同时存在直流和交流分量。（　　）

（5）对放大电路而言，一般都希望输入电阻小，输出电阻大。（　　）

（6）信号源和负载都不是放大电路的组成部分，但它们对放大电路有影响。（　　）

（7）分压式偏置共发射极放大电路是一种能够稳定静态工作点的放大电路。（　　）

（8）造成放大电路静态工作点不稳定的主要因素是电源电压的波动。（　　）

2. 能力训练

（1）图 3-17 所示为固定式偏置共发射极放大电路。输入电压 u_i 为正弦交流信号，试问输出电压 u_o 出现了什么样的失真？应如何调整基极偏置电阻 R_W 阻值才能够减小此失真？

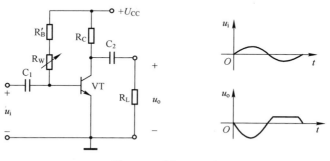

图 3-17　题（1）图

（2）图 3-18 所示的放大电路，已知 $U_{CC} = 12\text{V}$，$R_{B1} = 120\text{k}\Omega$，$R_{B2} = 39\text{k}\Omega$，$R_E = 2\text{k}\Omega$，$R_F = 100\text{k}\Omega$，$R_C = 3.9\text{k}\Omega$，$R_L = 1\text{k}\Omega$，$\beta = 60$，$U_{BE} = 0.7\text{V}$，信号源内阻 $R_s = 3\text{k}\Omega$。试求：

① 静态值 I_{BQ}、I_{CQ}、U_{CEQ}。

② 输入电阻 r_i 及输出电阻 r_o。

③ 电压放大倍数 A_u 和源电压放大倍数 A_{us}。

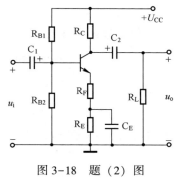

图 3-18 题（2）图

3. 拓展训练

（1）选择题。

① 用三极管构成放大电路时，根据公共端的不同，有（　　　）种连接方式。

A. 1　　　　　　　　B. 2　　　　　　　　C. 3　　　　　　　　D. 4

② 分压式偏置单管放大电路的发射极旁路电容 C_E 因损坏而断开，则该电路的电压放大倍数将（　　　）。

A. 增大　　　　　　　B. 减小　　　　　　　C. 不变

③ 设置静态工作点的目的是（　　　）。

A. 使放大电路工作在线性放大状态

B. 使放大电路工作在非线性放大状态

C. 尽量提高放大电路的放大倍数

D. 尽量提高放大电路的稳定性

④ 放大电路输出信号的能量来自（　　　）。

A. 电源　　　　　　B. 三极管　　　　　　C. 输入信号　　　　　　D. 耦合电容

⑤ 某放大电路的电压放大倍数 $A_u = -100$，负号表示（　　　）。

A. 衰减　　　　　　　　　　　　　B. 输出信号与输入信号的相位相同

C. 放大　　　　　　　　　　　　　D. 输出信号与输入信号的相位相反

⑥ 在共发射极基本放大电路中，集电极电阻 R_C 的作用是（　　　）。

A. 作为放大电路的负载电阻

B. 使三极管工作在放大状态

C. 减小放大电路的失真

D. 把三极管的电流放大作用转换成电压放大作用

⑦ 共发射极基本放大电路中，当输入信号为正弦电压时，输出电压的正半周出现失真，应采取（　　　）措施。

A. 减小 R_B 阻值　　　B. 增大 R_B 阻值　　　C. 减小 R_C 阻值　　　D. 增大 R_C 阻值

⑧ 影响放大电路静态工作点稳定性的主要因素是（　　　）的变化。

A. β 值　　　　　　B. 穿透电流　　　　　　C. 温度　　　　　　D. 频率

⑨ 在分压式偏置电路中，当环境温度升高时，通过调节三极管发射极电阻 R_E 阻值，会使（　　　）。

A. U_{BE} 减小　　　　　B. I_B 增大　　　　　C. I_C 增大　　　　　D. U_{BE} 增大

（2）讨论。

① 能用万用表的电阻挡测量三极管的输入等效电阻 r_{be} 吗？为什么？

② 分压式偏置共发射极放大电路是如何稳定静态工作点的？在发射极电阻 R_E 两端并联电容 C_E 的作用是什么？

实训6　单管共发射极放大电路的测试

实施要求

（1）验证静态工作点和电路参数对放大电路工作的影响。
（2）学会测量放大电路的电压放大倍数。

实施器材

（1）低频信号发生器 1 台、毫伏表 1 块。
（2）万用表 1 块、示波器 1 台。
（3）电子电工实验台。

实施内容及步骤

（1）在电子电工实验台上按照图 3-19 连接电路；调节 R_P 的阻值使 U_C 为 5~7V，为三极管建立静态工作点（空载）。

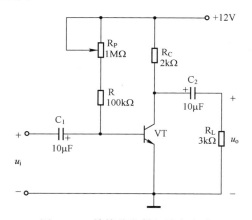

图 3-19　单管共发射极放大电路

（2）用万用表测量放大电路的静态工作点 U_{CQ}、U_{BQ}、U_{EQ}、U_{BEQ}、U_{CEQ}、I_{CQ}、I_{BQ}、I_{EQ}，将测量值填入表 3-1 中，并验证 $U_{CQ}>U_{BQ}>U_{EQ}$、$U_{BEQ}\approx0.7V$、$I_{CQ}+I_{BQ}=I_{EQ}$ 是否成立。

（3）将低频信号发生器接入放大电路输入端，向放大电路输入 1kHz、5mV 的正弦信号。同时用示波器测量并观察输出电压 u_o 波形。

（4）将低频信号发生器输入放大电路的电压 u_i 调大，使不失真波形幅值最大，用毫伏表测量出 u_i 和 u_o 的值并填入表 3-2 中，计算出空载时的电压放大倍数 A_u。

（5）将负载 R_L 接入放大电路的输出端，按照第（4）步测量出 u_i 和 u_o 的值并填入表 3-2 中，计算出带负载时的电压放大倍数 A_{uL}。

《单管共发射极放大电路的测试》实训报告

班级_____ 姓名_____ 学号_____ 成绩_____

一、根据实训内容填写表 3-1 和表 3-2

表 3-1　静态工作点测试数据

U_{CQ}	U_{BQ}	U_{EQ}	U_{BEQ}	U_{CEQ}	I_{CQ}	I_{BQ}	I_{EQ}
U_{CQ}____U_{BQ}____U_{EQ}					I_{CQ}____I_{BQ}____I_{EQ}		

表 3-2　电压放大倍数测试数据

输入信号频率	是否接入负载 R_L	u_i/mV	u_o/mV	$A_u=\dfrac{u_o}{u_i}$
1kHz	已接入			
	未接入			

二、根据实训内容完成下列简答题

1. 通过本次实训，你学会如何设置静态工作点了吗？电路参数对放大电路的工作有什么影响？

2. 试分析负载 R_L 对单管共发射极放大电路电压放大倍数的影响。

子任务 3-1-3　共集电极放大电路

 工作任务

分析共集电极放大电路的结构组成及工作原理，计算其静态工作点、电压放大倍数、输入电阻和输出电阻。

 任务分析

共集电极放大电路是模拟电子电路中的一种放大电路形式，能实现电流信号放大，一般用在多级放大电路的输入级、输出级和中间缓冲级。通过学习，学会计算共集电极放大电路的主要技术指标。

 相关知识

1. 共集电极放大电路的结构组成

共集电极放大电路是一种应用广泛的电路。它的电路结构与共发射极放大电路的电路结构不同，其输出信号是从发射极输出的。共集电极放大电路结构图如图 3-20 所示。由于理想电压源 U_{CC} 对交流信号来说是短路的，所以信号从基极和集电极输入、从发射极和集电极输出，集电极是输入信号 u_i 和输出信号 u_o 的公共端，故称为共集电极放大电路。又因为其输出信号从发射极输出，所以又称为射极输出器。

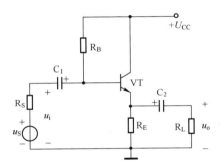

图 3-20　共集电极放大电路结构图

共集电极放大电路是以三极管 VT 作为核心元件的，电源 U_{CC} 是保证三极管正常工作的直流电源，为电路提供各种电压和电流。R_B 是基极偏置电阻、R_E 是发射极偏置电阻，合理设置 R_B、R_E 的阻值，可使三极管的发射结正偏、集电结反偏，保证三极管工作在放大区。同时，R_E 又称为发射极负载电阻，将流过负载电阻 R_E 的电流变化转换成输出电压 u_o 的变化。C_1 和 C_2 是耦合电容或隔直电容，用来实现电信号耦合。

2. 共集电极放大电路的静态分析

共集电极放大电路直流通路的画法和共发射极放大电路直流通路的画法一样，电容 C_1、C_2 隔断直流，故输入信号源和负载部分可去掉。图 3-21 所示为共集电极放大电路的直流通路，其静态工作点的估算可在直流通路中进行。

在输入回路中，根据基尔霍夫回路电压定律可列出电压方程：

$$U_{CC}=I_{BQ}R_B+U_{BEQ}+I_{EQ}R_E=I_{BQ}R_B+U_{BEQ}+(1+\beta)I_{BQ}R_E$$

所以：

$$I_{BQ} = \frac{U_{CC} - U_{BEQ}}{R_B + (1+\beta) R_E} \qquad (3-16)$$

那么：

$$I_{CQ} = \beta I_{BQ}$$

在输出回路中，列出基尔霍夫回路电压方程：

$$U_{CC} = U_{CEQ} + I_{EQ} R_E$$

即

$$U_{CEQ} = U_{CC} - I_{EQ} R_E \approx U_{CC} - I_{CQ} R_E \qquad (3-17)$$

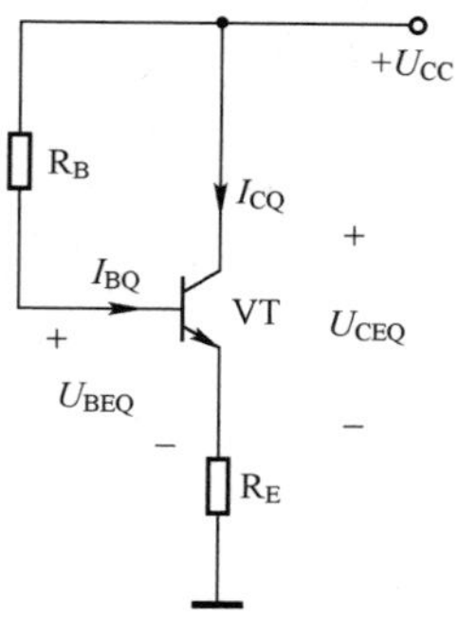

3. 共集电极放大电路的动态分析

（1）电压放大倍数 A_u。

图 3-22 所示为共集电极放大电路的微变等效电路，其中

$$\dot{U}_o = \dot{I}_e R'_L = (1+\beta) \dot{I}_b R'_L$$

$$\dot{U}_i = \dot{I}_b r_{be} + \dot{U}_o = \dot{I}_b r_{be} + (1+\beta) \dot{I}_b R'_L$$

式中

$$R'_L = R_E // R_L$$

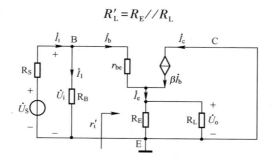

图 3-22　共集电极放大电路的微变等效电路

$$\dot{A}_u = \frac{\dot{U}_o}{\dot{U}_i} = \frac{(1+\beta) R'_L}{r_{be} + (1+\beta) R'_L} \qquad (3-18)$$

从式（3-18）可以看出，共集电极放大电路的电压放大倍数 $A_u < 1$，一般情况下，$r_{be} \ll (1+\beta) R'_L$，所以可认为 $A_u \approx 1$，即共集电极放大电路的输入电压信号与输出电压信号的大小近似相等，相位相同，输出电压信号总随着输入电压信号的变化而变化，故共集电极放大电路又称为射极电压跟随器。

（2）输入电阻 r_i。

从图 3-22 可以看出，三极管的输入电阻为

$$r'_i = \frac{\dot{U}_o}{\dot{I}_b} = \frac{\dot{I}_b r_{be} + \dot{I}_b (1+\beta) R'_L}{\dot{I}_b} = r_{be} + (1+\beta) R'_L$$

共集电极放大电路的输入电阻是 R_B 与 r'_i 的并联值，即

$$r_i = R_B // r'_i = R_B // r_{be} + (1+\beta) R'_L \qquad (3-19)$$

由式（3-19）可以看出，共集电极放大电路的输入电阻比共发射极放大电路的输入电

图 3-21　共集电极放大
电路的直流通路

阻大得多。

（3）输出电阻 r_o。

共集电极放大电路的输出电阻可利用有源二端网络等效电阻来计算，将图 3-22 中的负载 R_L 去掉，就成了图 3-23 所示的有源二端网络。将信号电压源短路，并给输出端外加电压 $\dot{U}$，则

$$\dot{I}_b = \frac{-\dot{U}}{r_{be}+R_S//R_B}$$

$$\dot{I}' = -(1-\beta)\dot{I}_b = -(1+\beta)\frac{-\dot{U}}{r_{be}+R_S//R_B}$$

$$r_o' = \frac{\dot{U}}{\dot{I}'} = \frac{r_{be}+R_S//R_B}{1+\beta}$$

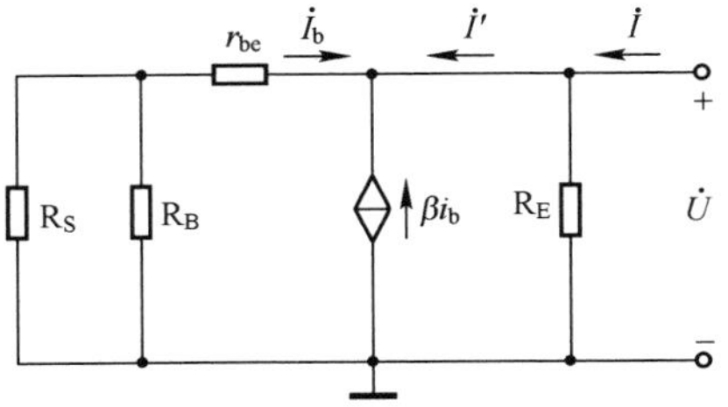

图 3-23　共集电极放大电路的输出电阻

所以，输出电阻为

$$r_o = \frac{\dot{U}}{\dot{I}} = R_E//r_o'$$

$$r_o = R_E//\frac{r_{be}+R_S//R_B}{1+\beta} \tag{3-20}$$

 任务实施

分析共集电极放大电路的结构组成及工作原理，计算共集电极放大电路的静态工作点、电压放大倍数、输入电阻和输出电阻。

 任务训练

1. 课前预习（判断题）

（1）共集电极放大电路既能放大电压又能放大电流。（　　）

（2）共集电极放大电路是射极跟随器，其电压放大倍数小于 1。（　　）

（3）共集电极放大电路的输入电阻小，输出电阻大。（　　）

（4）共集电极放大电路的高频特性好。（　　）

（5）共集电极放大电路的电压放大倍数小于 1，说明它不具备放大作用。（　　）

（6）共集电极放大电路具有电流放大作用。（　　）

2. 能力训练

（1）画出图 3-24 所示电路的直流通路、交流通路和微变等效电路。

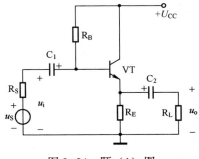

图 3-24　题（1）图

（2）在图 3-24 中，已知 $U_{CC} = 12V$、$R_b = 75k\Omega$、$R_E = 1k\Omega$、$R_S = 75k\Omega$、$R_L = 1k\Omega$、$\beta = 50$。试求静态工作点及输入电阻 r_i、输出电阻 r_o、电压放大倍数 A_u 和源电压放大倍数 A_{us}。

3. 拓展训练

（1）选择题。

① 共集电极放大电路的电压放大倍数（　　　）。

A. 大于 1　　　　　B. 小于 1　　　　　C. 等于 1

② 关于共集电极放大电路错误的叙述是（　　　）。

A. 电压放大倍数略小于 1，电压跟随特性好

B. 输入阻抗低，输出阻抗高

C. 具有电流放大作用和功率放大能力

③ 下列关于共集电极放大电路的说法正确的是（　　　）。

A. 具有电流放大作用，没有电压放大作用

B. 没有电流放大作用，具有电压放大作用

C. 既具有电流放大作用又具有电流放大作用

（2）讨论。

① 为什么说射极跟随器是共集电极放大电路呢？

② 射极跟随器的输入电阻、输出电阻、电压放大倍数与共发射极放大电路相比有何不同？

子任务 3-1-4　场效应管放大电路

微课

场效应管
放大电路

工作任务

分析场效应管放大电路的结构组成及工作原理，计算其静态工作点、电压放大倍数、输入电阻和输出电阻。

任务分析

场效应管放大电路和三极管放大电路一样，都是模拟电子电路中应用广泛的一种放大电路形式，能将电压的变化转换成电流的变化，主要用来将微弱的电压信号放大输出，这种放大电路具有输入电阻大、抗干扰能力强等优点。通过学习，可以进一步理解场效应管的放大原理，学会计算其主要技术指标。

相关知识

1. 场效应管放大电路的结构组成

图 3-25（a）所示为共源极场效应管放大电路的结构组成，可以看出其与共发射极三极管放大电路相似，具体元器件及其作用如下。

场效应管 VT：放大电路核心器件，用栅源电压来控制漏极电流。

漏极电源 U_{DD}：放大电路工作时的电源。要注意 U_{DD} 的极性应与场效应管的要求相吻合。

漏极电阻 R_D：它将漏极电流的变化转换成电压的变化，以实现电压放大。

源极电阻 R_S：稳定静态工作点。

栅极分压电阻 R_{G1}、R_{G2}：对漏极电源 U_{DD} 进行分压，与 R_S 配合使场效应管获得合适的偏置电压 U_{GS}。

旁路电容 C_S：它与 R_S 并联，给漏极电流中的交流成分在 R_S 旁边另开辟一条通路，确保 R_S 上只有直流电流通过，即 R_S 上只有直流电压，消除了 R_S 对交流信号的影响。

耦合电容 C_1 和 C_2：分别是输入耦合电容和输出耦合电容，其作用与三极管放大电路中的输入耦合电容和输出耦合电容的作用一样。

该电路的输入信号加在栅极和源极之间，而信号又从漏极和源极之间输出，源极是公共端，所以称其为共源放大器。

2. 场效应管放大电路的静态分析

场效应管放大电路是用栅源电压 u_{GS} 控制漏极电流 i_D 的，当漏极电源 U_{DD} 和漏极电阻 R_D、源极电阻 R_S 确定后，其静态工作点就由 U_{GS} 来确定。根据放大电路直流通路的画法规则可画出图 3-25（b）所示的共源极场效应管放大电路的直流通路。其静态分析如下。

静态时，源极电位 $U_S = I_D R_S$，由于场效应管栅极电流为零，所以栅极电位为

$$U_G = \frac{R_{G2}}{R_{G1} + R_{G2}} \cdot U_{DD}$$

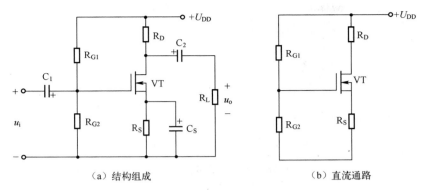

（a）结构组成　　　　　　　　　（b）直流通路

图 3-25　共源极场效应管放大电路

那么，栅源偏压为

$$U_{GSQ} = U_G - U_S = \frac{R_{G2}}{R_{G1}+R_{G2}} \cdot U_{DD} - I_D R_S \qquad (3-21)$$

由式（3-21）可知，通过适当选取 R_{G1}、R_{G2} 和 R_S，可以满足场效应管在放大工作时所需要的偏置电压。

对于由耗尽型场效应管构成的放大电路，可将式（3-21）代入场效应管在放大区的转移特性表达式 $I_D = I_{DSS}\left(1-\dfrac{U_{GS}}{U_{GS(off)}}\right)^2$，可得漏极电流 I_D。这时漏源电压为

$$U_{DSQ} = U_{DD} - (R_D + R_S) I_D \qquad (3-22)$$

3. 场效应管放大电路的动态分析

（1）场效应管的微变等效电路。

场效应管可以用一个简化的小信号（微变）模型来代替，即场效应管的微变等效电路。对于图 3-26（a）所示的场效应管，从场效应管的输入回路来看，输入电阻 r_{GS} 极高，栅极电流 $i_G \approx 0$，所以可将场效应管的输入回路（G 和 S 之间）看成开路。从输出回路来看，场效应管的漏极电流 i_D（输出电流）主要受栅源电压 u_{GS}（输入电压）控制，这一控制能力用跨导 g_m 表示，由于 $g_m = \dfrac{\Delta I_D}{\Delta U_{GS}}\bigg|_{U_{DS}=常数}$，当输入信号为正弦量时，则 $g_m = \dfrac{\dot{I}_D}{\dot{U}_{GS}}$，即 $\dot{I}_D = g_m \dot{U}_{GS}$。所以，场效应管的输出回路可用一个受栅源电压控制的受控电流源 $g_m \dot{U}_{GS}$ 代替，电流源的方向由 $\dot{U}_{GS}$ 的极性来决定。综上所述，可画出如图 3-26（b）所示的场效应管的微变等效电路。

（2）微变等效电路分析法。

利用微变等效电路分析法分析计算场效应管放大电路的电压放大倍数、输入电阻、输出电阻，其步骤与分析三极管放大电路时的相同。

图 3-27（a）所示为共源极场效应管放大电路的交流通路，将场效应管用微变等效电路代替，可得如图 3-27（b）所示的共源极场效应管放大电路的微变等效电路。

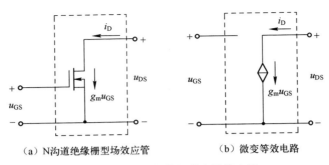

（a）N沟道绝缘栅型场效应管　　　　　（b）微变等效电路

图 3-26　场效应管的微变等效电路

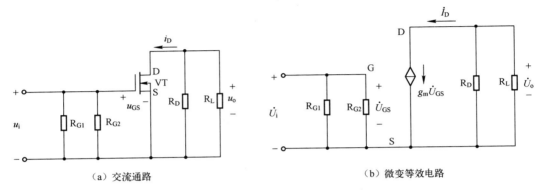

（a）交流通路　　　　　　　　　（b）微变等效电路

图 3-27　共源极场效应管放大电路

① 电压放大倍数 A_u。

$$A_u = \frac{\dot{U}_o}{\dot{U}_i} = \frac{-\dot{I}_D R'_L}{\dot{U}_{GS}} = \frac{-g_m \dot{U}_{GS} R'_L}{\dot{U}_{GS}} = -g_m R'_L \qquad (3-23)$$

式中，$R'_L = R_D // R_L$。

式（3-23）中负号表示输出电压 u_o 与输入电压 u_i 反相位。

② 输入电阻 r_i。

$$r_i = R_G // r_{GS} \approx R_G \qquad (3-24)$$

式中，$r_{GS} \approx \infty$。

③ 输出电阻 r_o。

$$r_o \approx R_D$$

R_D 一般为几千欧到几十千欧，输出电阻较高。

【例题 3-4】 在图 3-28 所示的分压式偏置共源极场效应管放大电路中，$U_{DD} = 12\text{V}$，$R_{G1} = 100\text{k}\Omega$，$R_{G2} = 200\text{k}\Omega$，$R_G = 15\text{k}\Omega$，$R_S = R_D = R_L = 10\text{k}\Omega$，场效应管的 $g_m = 1\text{ms}$。试求该放大电路的电压放大倍数、输入电阻和输出电阻。

解：（1）电压放大倍数：

$$A_u = -g_m R'_L = -1 \times \frac{10 \times 10}{10 + 10} = -5$$

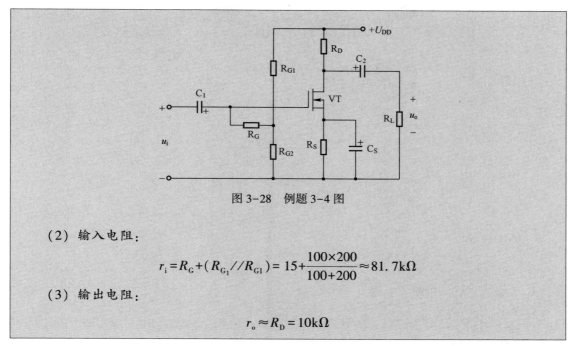

图 3-28 例题 3-4 图

（2）输入电阻：

$$r_i = R_G + (R_{G_1} // R_{G1}) = 15 + \frac{100 \times 200}{100 + 200} \approx 81.7 \text{k}\Omega$$

（3）输出电阻：

$$r_o \approx R_D = 10 \text{k}\Omega$$

 任务实施

分析场效应管放大电路的结构组成及工作原理，计算场效应管放大电路的静态工作点、电压放大倍数、输入电阻和输出电阻。

 任务训练

1. 课前预习（判断题）

（1）场效应管放大电路的输入电阻大。（   ）

（2）场效应管放大电路常用于多级放大电路的输入级。（   ）

（3）场效应管的小信号模型实质上是一个电压控制电流源。（   ）

2. 能力训练

（1）在图 3-29 所示的场效应管放大电路中，已知电路参数及场效应管的 g_m，求输入电阻、输出电阻和电压放大倍数。

（2）在图 3-30 所示的放大电路中，已知 $U_{DD} = 12\text{V}$，$R_{G1} = 250\text{k}\Omega$，$R_{G2} = 50\text{k}\Omega$，$R_G = 1\text{M}\Omega$，$R_D = 5\text{k}\Omega$，$R_S = 5\text{k}\Omega$，$R_L = 5\text{k}\Omega$，$g_m = 5\text{mA/V}$。试求：

① 静态值 I_{DQ}、U_{DSQ}。

② 输入电阻 r_i 和输出电阻 r_o。

③ 电压放大倍数 A_u。

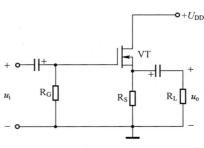

图 3-29 能力训练题（1）图

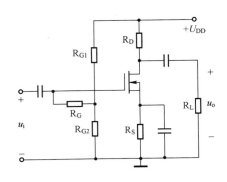

图 3-30　能力训练题（2）图

3. 拓展训练

（1）选择题。

① 场效应管放大电路的主要优点是（　　　）。

A. 输出电阻小

B. 输入电阻大

C. 电压放大倍数大

② 场效应管放大电路的实质是（　　　）。

A. 用栅源电压的微小变化控制漏极电流的较大变化

B. 用栅极电流的微小变化控制漏极电流的较大变化

C. 用漏源电压的微小变化控制漏极电流的较大变化

（2）讨论。

① 试比较场效应管放大电路与三极管放大电路的共同点和不同点。

② 试比较场效应管的小信号模型与三极管的小信号模型有何不同。

子任务 3-1-5　多级放大电路

 工作任务

微课

多级放大电路

熟悉多级放大电路的级间耦合方式，分析多级放大电路的结构组成及工作原理，计算多级放大电路的电压放大倍数、输入电阻和输出电阻。

 **任务分析**

　　单级放大电路的电压放大倍数是有限的，其放大能力不足，为了提高放大倍数或满足某些特定要求，实际放大电路一般都是多级放大电路，其通常是把若干级放大电路连接起来，将信号进行逐级放大以满足负载需求，这种放大电路具有电压放大倍数高、放大能力强等特点。通过学习，可以进一步理解多级放大电路的放大原理，学会计算其主要技术指标。

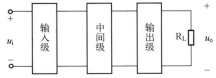 **相关知识**

1. 多级放大电路的级间耦合方式

　　单级放大电路的输入信号往往都很微弱，一般为毫伏级或微伏级。为了推动负载工作，需要用多级放大电路对微弱信号进行连续放大。图 3-31 所示为多级放大电路的组成框图。

图 3-31　多级放大电路的组成框图

　　输入级直接连接信号源，一般要求它的输入电阻高一些。输入级和中间级的任务是放大电压。中间级根据需要可以是多级的电压放大电路，将微弱的输入电压放大到足够大。输出级用来放大功率，以向负载输出所需的功率。

　　多级放大电路中每两个单级放大电路之间的连接称为耦合。常用的耦合方式有阻容耦合、直接耦合和变压器耦合。由于变压器耦合应用很少，所以这里不对其进行介绍。

　　（1）阻容耦合。

　　级与级之间通过耦合电容与下级输入电阻连接，把信号传输到下一级的耦合方式称为阻容耦合，如图 3-32（a）所示，电容 C_2 在这起到隔直作用，可把前、后级的直流量隔开，从而使各级的静态工作点之间没有影响，所以各级放大电路的静态工作点可以单独计算。耦合电容对交流信号的容抗必须很小，以便把前级输出信号几乎没有损失地传送到下一级，故耦合电容的容量一般相对较大，大多采用电解电容。

　　（2）直接耦合。

　　不经过电抗元件，把前、后级直接连接起来的耦合方式称为直接耦合，如图 3-32（b）所示。由于前、后级之间是直接连接的，各级的直流通路相互沟通，各级静态工作点相互关联，相互牵制，因此调整变得困难。但直接耦合放大电路不仅能放大交流信号，还能放大直流与缓慢变化的信号，因此获得广泛应用。在集成电路中，因无法制作大容量的耦合电容，常采用直接耦合。

2. 阻容耦合多级放大电路的分析

　　由于耦合电容的存在，阻容耦合多级放大电路每级的静态工作点都是独立设置的，互不影响，所以阻容耦合多级放大电路的静态分析是各级单独计算的，与单级放大电路的分析方法相同，这里不再赘述。

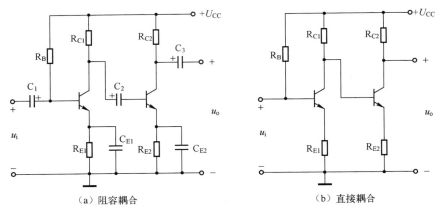

（a）阻容耦合　　　　　　　（b）直接耦合

图 3-32　多级放大电路的耦合方式

（1）阻容耦合多级放大电路的放大倍数。

阻容耦合多级放大电路把第一级输出电压作为第二级输入电压进行再次放大，这样依次逐级放大后，总的电压放大倍数是各级放大倍数的乘积，即

$$A_\mathrm{u} = \frac{\dot{U}_\mathrm{o}}{\dot{U}_\mathrm{i}} = \frac{\dot{U}_\mathrm{o1}}{\dot{U}_\mathrm{i}} \cdot \frac{\dot{U}_\mathrm{o2}}{\dot{U}_\mathrm{o1}} \cdot \frac{\dot{U}_\mathrm{o3}}{\dot{U}_\mathrm{o2}} \cdots \frac{\dot{U}_\mathrm{on}}{\dot{U}_\mathrm{on}} = A_\mathrm{u1} \cdot A_\mathrm{u2} \cdot A_\mathrm{u3} \cdots A_\mathrm{un}$$

若用电压增益 G_u 来表示，则

$$G_\mathrm{u} = 20\lg|A_\mathrm{u}| = 20\lg|A_\mathrm{u1} \cdot A_\mathrm{u2} \cdot A_\mathrm{u3} \cdots A_\mathrm{un}| = G_\mathrm{u1} + G_\mathrm{u2} + G_\mathrm{u3} + \cdots + G_\mathrm{un}$$

故多级放大电路的电压增益是各级电压增益之和。

（2）阻容耦合多级放大电路输入电阻和输出电阻。

阻容耦合多级放大电路的输入电阻为第一级的输入电阻，即

$$R_\mathrm{i} = R_\mathrm{i1}$$

多级放大电路的输出电阻为最后一级（第 n 级）放大电路的输出电阻，即

$$R_\mathrm{o} = R_\mathrm{on}$$

 任务实施

分析多级放大电路的结构组成、耦合方式及工作原理，计算多级放大电路的电压放大倍数、输入电阻和输出电阻。

 任务训练

1. 课前预习（判断题）

（1）采用阻容耦合多级放大电路，前、后级的静态工作点互不影响。（　　　）

（2）在分析多级放大电路时，可以把后级放大电路的输入电阻看成前级放大电路的负载电阻。（　　　）

（3）多级放大电路总的电压放大倍数等于各级电压放大倍数之和。（　　　）

（4）直流放大电路能够放大直流信号，不能放大交流信号。（　　　）

（5）多级放大电路总的电压放大倍数等于各级电压放大倍数之积。（　　）

2. 能力训练

（1）两级阻容耦合放大电路如图 3-33 所示，已知 $R_{B1} = 56\text{k}\Omega$、$R_{E1} = 5.6\text{k}\Omega$、$R_{B2} = 20\text{k}\Omega$、$R_{B3} = 10\text{k}\Omega$、$R_C = 3\text{k}\Omega$、$R_{E2} = 1.5\text{k}\Omega$，$r_{BE1} = 1\text{k}\Omega$、$r_{BE2} = 0.9\text{k}\Omega$，三极管的 $\beta_1 = 40$、$\beta_2 = 50$。求该放大电路总的电压放大倍数、输入电阻和输出电阻。

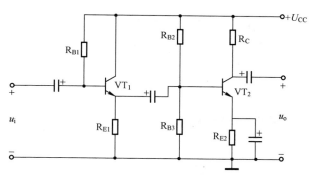

图 3-33　能力训练题（1）图

（2）两级放大电路如图 3-34 所示，已知 VT_1 的 $g_m = 1\text{mA/V}$，VT_2 的 $\beta = 60$，$r_{BE} = 1.4\text{k}\Omega$、$R_G = 1\text{M}\Omega$、$R_S = 3\text{k}\Omega$、$R_D = 4\text{k}\Omega$、$R_{B1} = 50\text{k}\Omega$、$R_{B2} = 5.6\text{k}\Omega$、$R_C = 5\text{k}\Omega$、$R_E = 0.5\text{k}\Omega$、$R_L = 5\text{k}\Omega$。试求放大电路总的电压放大倍数、输入电阻和输出电阻。

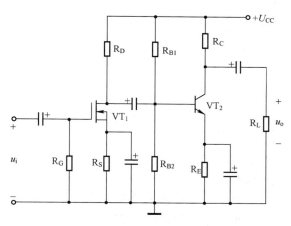

图 3-34　能力训练题（2）图

3. 拓展训练

（1）选择题。

① 阻容耦合放大电路（　　）。

A. 只能传递直流信号　　　　B. 只能传递交流信号　　　　C. 交直流信号都能传递

② 直接耦合放大电路（　　）。

A. 只能传递直流信号　　　　B. 只能传递交流信号　　　　C. 交直流信号都能传递

③ 一个三级放大电路，工作时测得 $A_{u1} = 100$、$A_{u2} = -50$、$A_{u3} = 1$，则总的电压放大倍数

是（　　）。

    A. 51   B. 100   C. 1   D. −5000

④ 已知某三级放大电路，各级电压放大倍数分别为20dB、30dB、40dB，则总的电压放大倍数为（　　）。

    A. 90dB   B. 24000dB   C. 8000dB   D. 1500dB

（2）讨论。

什么是多级放大电路？为什么要采用多级放大电路？

子任务 3-1-6　负反馈放大电路

工作任务

了解负反馈的基本概念及判断方法，分析负反馈放大电路的四种类型，理解负反馈对放大电路性能的影响。

任务分析

反馈是一个非常重要的概念，通常在自动调节和自动控制系统中应用广泛。在放大电路中根据不同要求引入适当的负反馈，可以改善放大电路的性能，因此掌握反馈的基本概念和分析方法是研究实用电路的基础。

相关知识

1. 反馈的基本概念

（1）反馈放大电路的组成。

在放大电路中，信号从输入端进入放大电路，经放大后从输出端输出，信号为正向传送。如果将输出量（电压或电流）的一部分或全部反方向送回输入端，那么这种反向传输信号的过程，称为反馈。反馈电路方框图如图 3-35 所示，A 是基本放大电路，F 是反馈电路，构成一个闭环系统。这里 X 可以表示电压，也可以表示电流。其中 X_i 是输入信号，X_o 是输出信号，X_F 是反馈信号，X_i' 是输入信号与输出信号叠加后的净输入信号。如果反馈量起到加强输入信号的作用，使净输入信号增加，即 $X_i' = X_i + X_F$，则这种反馈被称为正反馈；如果反馈量起到削弱输入信号的作用，使净输入信号减小，即 $X_i' = X_i - X_F$，则这种反馈被称为负反馈。

要判断一个放大电路是否有反馈，只要看放大电路中是否存在把输出端和输入端联系起来的支路即可，这条支路就是反馈支路。

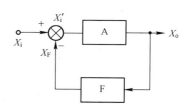

图 3-35　反馈电路方框图

图 3-36（a）所示为一个两级放大电路，第一级的输出信号作为第二级的输入信号，信号只有从输入到输出的正向传送，输出端与输入端之间没有直接的联系，所以不存在反馈，这种情况称为开环。

图 3-36（b）中，在输出 u_o 的正端和 K 点之间增加了连接电阻 R_f，该电路除了从输入到输出的正向传送，还有从输出到输入的反向传送，即从输出端到输入端有一条反馈支路，所以存在反馈，这种情况称为闭环。

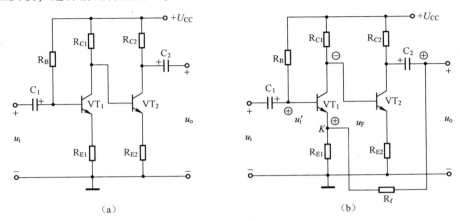

图 3-36　放大电路是否存在反馈

（2）反馈放大电路的类型。

① 正、负反馈。反馈使放大电路的净输入信号增强的是正反馈；反之，反馈使放大电路的净输入信号减弱的是负反馈。通常采用"瞬时极性法"来判断反馈的极性。

② 交流反馈和直流反馈。在放大电路处理的信号中存在直流分量和交流分量，如果反馈回来的信号是交流信号，则该反馈是交流反馈；若是直流信号，则该反馈是直流反馈。

③ 电压反馈和电流反馈。反馈信号是从输出端取样的。如果反馈支路的取样对象是输出电压，则该反馈是电压反馈；如果反馈支路的取样对象是输出电流，则该反馈是电流反馈。

④ 串联反馈和并联反馈。根据反馈在输入端的连接方法，可分为串联反馈和并联反馈。如果反馈信号和输入信号是串联的，则该反馈是串联反馈；如果反馈信号和输入信号是并联的，则该反馈是并联反馈。

2. 负反馈放大电路的特性

（1）提高放大倍数的稳定性。

负反馈放大电路放大倍数稳定性的提高，是以减小放大倍数为代价的。在图 3-35 中，在输入信号 X_i 一定的情况下，若输出信号 X_o 有所增强，反馈信号 X_F 也相应增强，使放大电路的净输入信号 X_i' 减弱，则输出信号 X_o 将减弱。反之，若输出信号 X_o 有所减弱，反馈信号 X_F 也相应减弱，使放大电路的净输入信号 X_i' 增强，则输出信号 X_o 将增强。这样，电路趋于稳定，但电路的放大倍数下降了。负反馈越深，放大倍数降低得越多，放大电路工作越稳定。

（2）减小放大电路的非线性失真。

由于三极管是非线性器件，因此放大电路的静态工作点如果选得不合适，那么输出信号波形将产生饱和失真或截止失真，即非线性失真。这种失真可以利用负反馈来得到改善，其原理是利用负反馈造成一个预失真的波形来进行矫正。如图3-37（a）所示，电路无负反馈，当输入为正常的信号波形时，电路器件的非线性可能使输出波形正半周幅度大，负半周幅度小，从而出现了失真。如图3-37（b）所示，电路引入了负反馈，如果由于某种原因，输出信号正半周幅度大，负半周幅度小，那么其反馈信号波形也是正半周幅度大，负半周幅度小。负反馈支路将它送到输入回路，由于净输入电压 $u_i' = u_i - u_F$，则正半周削弱得多一些，负半周削弱得少一些，因此净输入信号正半周幅度小，负半周幅度大，与无反馈时的输出波形正好相反，从而使输出波形失真获得补偿。

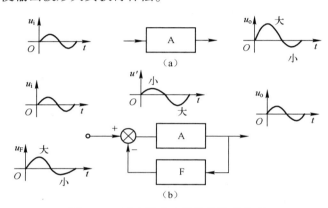

图 3-37　减小放大电路的非线性失真

同样地，负反馈可以减小由放大电路本身产生的干扰和噪声。

（3）展宽放大电路的通频带。

放大电路要放大的信号往往不是单一频率的信号，而是一段频率范围内的信号。例如，广播中的音乐信号，其频率范围通常为几十赫兹到二十千赫兹。但由于放大电路中一般都有电抗元件（如电容、电感），它们在各种频率下的电抗值是不相同的，所以放大电路对不同频率的信号的放大效果是不同的。

我们把放大电路对不同频率的正弦信号的放大效果称为放大电路的频率响应，其中放大倍数的大小和频率之间的关系称为幅频特性。在阻容耦合放大电路中，由于耦合电容对信号的容抗随频率降低而增大，因此在低频段信号的放大倍数减小，信号也衰减了。而在高频段，由于三极管的结电容和电路存在的分布电容在高频段容抗较小，对信号的分流作用增大，因此放大倍数减小，信号也衰减了。

阻容耦合放大电路的幅频特性如图3-38所示。我们规定，当放大倍数下降为 $0.303A_{um}$ 时，其所对应的两个频率分别称为下限频率 f_L 和上限频率 f_H，在这两个频率之间的频率范围称为放大电路的通频带，用 BW 表示，即 BW=$f_H - f_L$。通频带越宽，表示放大电路工作的频率范围越宽。

利用负反馈展宽放大电路通频带的原理是中频段电压放大倍数 A_{um} 较大，输出电压 u_o 较大，那么反馈电压 u_F 也较大。这样净输入电压 u_i' 大大减小，从而使反馈后的放大倍数 A_{umF}

大大减小。而低频段和高频段电压放大倍数 A_u 较小，输出电压 u_o 较小，反馈电压 u_F 也较小，这样净输入电压 u_i' 减小不多，从而使反馈后的 A_{uF} 减小较少。反馈后的幅频特性如图 3-38 中虚线所示，加了负反馈后虽然各种频率的信号放大倍数都有所下降，但通频带却加宽了。

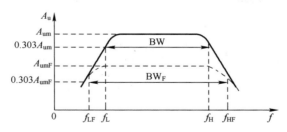

图 3-38　阻容耦合放大电路的幅频特性

（4）改变输入电阻和输出电阻。

① 改变输入电阻。凡是串联负反馈，反馈信号与输入信号串联，输入电阻增大；凡是并联负反馈，反馈信号与输入信号并联，输入电阻减小。

② 改变输出电阻。凡是电压负反馈，因具有稳定输出电压的作用，使其接近于恒压源，故输出电阻减小；凡是电流负反馈，因具有稳定输出电流的作用，使其接近于恒流源，故输出电阻增大。

综上所述，负反馈使放大电路的放大倍数减小，但使放大电路其他性能得到改善。而正反馈使放大电路的放大倍数增大，利用这一特性可组成振荡电路。

 任务实施

分析负反馈放大电路的四种结构组成，理解负反馈对放大电路性能的影响。

 任务训练

1. 课前预习（判断题）

（1）负反馈可以消除放大电路的非线性失真。（　　）

（2）负反馈能改善放大电路的性能。（　　）

（3）负反馈可以使放大电路的放大倍数提高。（　　）

（4）负反馈可以消除放大电路的非线性失真。（　　）

（5）负反馈对放大电路的输入电阻和输出电阻都有影响。（　　）

（6）负反馈可以减小信号本身的固有失真。（　　）

（7）电压反馈送回放大电路输入端的信号是电压。（　　）

（8）电流反馈送回放大电路输入端的信号是电流。（　　）

2. 能力训练

判断图 3-39 所示的放大电路的反馈类型并指出反馈元件。

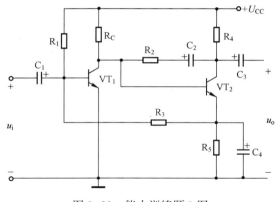

图 3-39　能力训练题 2 图

3. 拓展训练

（1）选择题。

① 对于放大电路，开环是指（　　　）。

A. 无信号源　　　　　B. 无反馈通路　　　　　C. 无电源　　　　　D. 无负载

② 交流放大电路引入负反馈可（　　　）。

A. 提高电压放大倍数　B. 增加输入阻抗　　　　C. 提高工作稳定性　D. 减小输入阻抗

③ 欲使放大电路净输入信号削弱，应采用（　　　）。

A. 串联反馈　　　　　B. 并联反馈　　　　　　C. 负反馈　　　　　D. 正反馈

④ 要提高放大电路的输入电阻，并使输出电压稳定，应采用（　　　）负反馈。

A. 电压串联　　　　　B. 电压并联　　　　　　C. 电流并联　　　　D. 电流串联

⑤ 若要求放大电路取用信号源的电流小，而且带负载能力强，则在放大电路中应引入
（　　　）负反馈。

A. 电压串联　　　　　B. 电压并联　　　　　　C. 电流并联　　　　D. 电流串联

⑥ 下列选项中不属于负反馈对放大电路性能影响的是（　　　）。

A. 放大能力提高了　　B. 放大能力降低了　　　C. 通频带展宽了　　D. 通频带变窄了

⑦ 电压反馈可以使输出电阻（　　　）。

A. 增大　　　　　　　B. 减小　　　　　　　　C. 不变　　　　　　D. 不确定

⑧ 串联负反馈可以使放大电路的输入（　　　）。

A. 增大　　　　　　　B. 减小　　　　　　　　C. 不变　　　　　　D. 不确定

（2）讨论。

① 如何判别放大电路的四种反馈方式（电压、电流、串联、并联）?

② 怎样根据放大电路的不同要求确定负反馈的反馈方式?

子任务 3-1-7　功率放大电路

 **工作任务**

熟悉低频功率放大电路的特点和分类，分析互补推挽功率放大电路的结构组成，理解互补推挽功率放大电路的工作原理。

 任务分析

在自动控制系统中，为了驱动执行机构，通常要求放大电路能够输出足够大的功率来驱动负载工作，所以多级放大电路的最后一级一般为功率放大器。通过学习，可以进一步理解放大原理，学会分析功率放大电路。

 相关知识

一般电子设备采用多级放大电路来完成信号的放大，而在最后一级总是用来推动负载工作。例如，使扬声器发出悦耳动听的声音，使电动机转动，使继电器吸合，使仪表指针偏转等。因此要求放大电路的输出功率要大，也就是说不但要向负载提供大的信号电压，而且要向负载提供大的信号电流。这种以供给负载足够大的信号功率为目的的输出级称为功率放大电路。

1. 功率放大电路的特点

功率放大电路的主要任务是放大信号的功率，它的输入/输出电压和电流都比较大，通常在大信号状态下工作。因此，一个性能良好的功率放大电路应具备以下特点。

（1）要有足够的输出功率。为了获得大功率输出，功率放大电路往往工作在接近极限运行状态。

（2）要求电路效率高。由于输出功率大，直流电源消耗的功率也大，所谓效率高，也就是负载得到的有用信号功率与电源供给的直流功率的比值大。

（3）要使信号失真小。由于功率放大电路在大信号状态下工作，不可避免地会进入三极管特性曲线的非线性区，从而引起非线性失真，且输出功率越大非线性失真越严重，因此输出功率和非线性失真成为一对主要矛盾。但是，不同场合对非线性失真的要求有所不同，可视具体情况而定。

（4）电路的散热性能好。由于有相当大的功率消耗在功率放大电路的集电极上，结温和管壳温度升高，因此，功率放大电路必须具有良好的散热条件，以保证功率放大电路输出足够大的功率。

2. 功率放大电路的分类

（1）功率放大电路按工作方式来分，有甲类放大、乙类放大和甲乙类放大。

输入信号的整个周期都使三极管得到了集电极信号电流，这种工作方式称为甲类放大，如前面介绍的电压放大电路就是甲类功率放大器。输入信号仅在半个周期内使三极管得到了集电极信号电流，这种工作方式称为乙类放大。

甲类放大由于三极管始终导通，静态工作点比较适中，因此失真很小。但随之而来的是耗电多、效率低，在理想情况下效率可达50%。乙类放大由于三极管只在半个周期内导通，因此耗电少、效率高，在理想情况下效率可达34.5%。但乙类放大方式失真很大，必须构建相应的电路方可正常工作。

（2）功率放大电路按电路形式来分，主要有单管功率放大电路、变压器耦合功率放大电路和互补推挽功率放大电路。

3. 互补推挽功率放大电路

（1）电路结构。

互补推挽功率放大电路原理图如图3-40（a）所示，它采用双电源供电，VT_1采用NPN型管，VT_2采用PNP型管，要求两管的特性相同。由图3-40（a）可见，两管的基极和基极相连、发射极和发射极相连，信号由基极输入，发射极输出，负载接在发射极上。由此可见它是由两个发射极输出器组合而成的。

（2）电路工作原理。

① 静态时。由于两管均无直流偏置，故$I_B = 0$，两管均截止，集电极静态电流$I_C = 0$，因此放大电路处于乙类放大状态。放大电路在不放大信号时，没有功耗，有利于提高效率。

② 动态时。在u_i的正半周期内（$0 < \omega t < \pi$），NPN型管VT_1因发射结正偏而导通，PNP型管VT_2因发射结反偏而截止。这时i_{c1}自电源U_{CC}流经VT_1、R_L到地，产生输出电压的正半周波形。在u_i的负半周期内（$0 < \omega t < 2\pi$）情况正好相反，VT_1截止，VT_2导通，这时i_{c2}自地流经R_L、VT_2到U_{CC}，产生输出电压的负半周波形，如图3-40（b）所示。

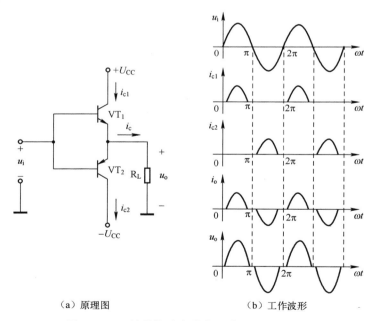

（a）原理图　　　（b）工作波形

图3-40　互补推挽功率放大电路原理图及波形

由此可见，每个三极管都工作在乙类状态，即VT_1、VT_2都只有半个周期导通，但由于在输入信号的整个周期中，它们交替轮流导通，一个"推"、一个"拉"，互相补充，结果

在负载 R_L 上合成了一个完整的信号波形，被称为互补推挽功率放大电路。

 任务实施

分析功率放大电路的结构组成，理解互补推挽功率放大电路的工作原理。

 任务训练

1. 课前预习（判断题）

（1）乙类功率放大电路的静态工作点 $I_{CQ} \approx 0$，所以静态功率几乎为零，效率低。（   ）

（2）甲乙类功率放大电路能消除交越失真，是因为两个三极管都有合适的偏置电流。（   ）

（3）组成互补推挽功率放大电路的两个三极管采用同型号的三极管。（   ）

（4）互补推挽功率放大电路在输入交流信号时，总有一个三极管处于截止状态，所以输出信号波形必然失真。（   ）

（5）功率放大电路的最大输出功率是指在基本不失真的情况下，负载上可能获得的最大交流功率。（   ）

2. 基本训练（选择题）

（1）对功率放大电路最基本的要求是（   ）。

A. 输出信号电压大　　　　　　　B. 输出信号电流大

C. 输出信号电压和电流均大　　　D. 输出信号电压大、电流小

（2）下列功率放大电路中，效率最高的是（   ）功率放大电路。

A. 甲类　　　　　B. 乙类　　　　　C. 甲乙类

（3）功率放大电路与电压放大电路、电流放大电路的共同特点是（   ）。

A. 都使输出电压大于输入电压

B. 都使输出电流大于输入电流

C. 都使输出功率大于信号源提供的输入功率

D. 输出电阻大于输入电阻

（4）实际应用的互补推挽功率放大电路是（   ）。

A. 甲类功率放大电路　　　　　　B. 乙类功率放大电路

C. 甲乙类功率放大电路　　　　　D. 电压放大电路

（5）乙类功率放大电路比单管甲类功率放大电路（   ）。

A. 输出效率高　　B. 输出电流大　　C. 效率高　　　　D. 效率低

（6）乙类互补推挽功率放大电路正常工作时，三极管工作在（   ）状态。

A. 放大　　　　　B. 截止　　　　　C. 饱和　　　　　D. 放大和截止

3. 讨论

（1）功率放大电路与小信号电压、电流放大电路有何异同？

（2）甲类功率放大电路效率低的原因是什么？

（3）功率放大电路对电路中使用的三极管有什么特殊要求？其工作效率主要与哪些因素有关？

子任务 3-1-8　集成运算放大电路

 工作任务

了解集成运算放大电路的内部结构，分析集成运算放大电路的线性应用和非线性应用的工作条件和特点，掌握集成运算放大电路的基本电路及其运算关系。

 任务分析

集成运算放大电路具有可靠性高、使用方便、性能好等特点，广泛应用在信号放大、运算，以及信号的产生、处理等方面。通过学习，学会集成运算放大电路的线性应用和非线性应用。

 相关知识

1. 集成运算放大电路的结构与符号

（1）内部结构组成。

集成运算放大电路通常由输入级、中间级、输出级和偏置电路组成，如图 3-41 所示。输入级要求输入电阻大；中间级要求有足够大的电压放大倍数；输出级要求输出电阻小、带负载能力强。集成运算放大电路的偏置电路为各级电路提供稳定的直流偏置电流和工作电流。

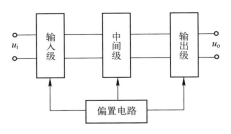

图 3-41　集成运算放大电路的组成框图

（2）电路符号及外形。

图 3-42（a）所示为基本集成运算放大电路的引脚排列。图中 R_P 为外接调零电位器，有的系列的集成运算放大电路已无须外接调零电位器。集成运算放大电路通常采用对称的正、负电源同时供电。

集成运算放大电路有两个输入端和一个输出端。如果输入信号 u_i 加在反相输入端 "–"，则称为反相输入方式，此时输出信号和输入信号相位相反；如果输入信号 u_i 加在同相输入端 "+"，则称为同相输入方式，此时输出信号和输入信号相位相同；当然，输入信号也可同时加在两个输入端，称为双端输入方式，或者称为差分输入方式。为了使电路图更加清晰明了，以后集成运算放大电路的图形符号一般不再标出电源端和其他引脚端，如图 3-42（b）所示。

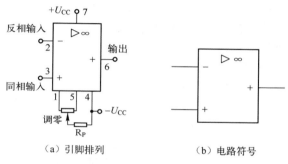

（a）引脚排列   （b）电路符号

图 3-42   基本集成运算放大电路

几种通用型集成运算放大电路的外形实物图如图 3-43 所示，它的外形通常有圆壳式、双列直插式和扁平式三种。

（a）圆壳式   （b）双列直插式   （c）扁平式

图 3-43   几种通用型集成运算放大电路的外形实物图

线性集成电路中应用最广泛的就是集成运算放大电路，由于在集成运算放大电路的输入和输出之间外加不同的反馈网络即可组成各种用途的电路，因而其有 "万能放大电路" 的美称。

2. 集成运算放大电路的工作特点

（1）集成运算放大电路线性应用的必要条件和特点。

① 集成运算放大电路线性应用的必要条件。

集成运算放大电路加上负反馈网络，可以组成各种运算电路，实现各种数学运算，如比例、加、减、乘、除、积分、微分等运算电路，此外可组成电压-电流转换、正弦波发生器等应用电路。这些应用的必要条件是集成运算放大电路必须引入深度负反馈。

② 集成运算放大电路线性应用的特点。

虚短：由于集成运算放大电路的开环放大倍数 A_{od} 很大，而输出电压是一个有限值，因而集成运算放大电路两个输入端之间的电压很小，可以认为近似等于零，即 $u_i = U_+ - U_- = u_o/A_{od} \approx 0$，则

$$U_+ \approx U_-$$

因 U_+ 与 U_- 之间不是真的短路，故称"虚短"。

虚断：由于集成运算放大电路的输入电阻很大，因此集成运算放大电路流入两个输入端的电流很小，可以认为近似等于零，即 $I_+ \approx I_- \approx 0$。因两个输入端不是真的断开，故称"虚断"。

虚短和虚断这两个结论是分析集成运算放大电路线性应用的重要依据，它简化了集成运算放大电路的分析和计算过程。

（2）集成运算放大电路非线性应用的必要条件和特点。

① 集成运算放大电路非线性应用的必要条件。

集成运算放大电路非线性应用的必要条件是集成运算放大电路处于开环状态或引入正反馈。当集成运算放大电路处于开环或正反馈时，只要在输入端输入很小的电压变化量，输出端输出的电压即正最大输出电压 $+U_{oM}$ 或负最大输出电压 $-U_{oM}$。

② 集成运算放大电路非线性应用的特点。

集成运算放大电路非线性的输出电压只有两种可能的状态：正最大输出电压 $+U_{oM}$ 或负最大输出电压 $-U_{oM}$。

$$当 U_+ > U_- 时，u_o = +U_{oM}$$
$$当 U_+ < U_- 时，u_o = -U_{oM}$$

集成运算放大电路的输入电流等于零。由于集成运算放大电路的输入电阻 $r_{id} = \infty$，因此，$U_+ \neq U_-$，输入电流仍然为零。

总之，在分析集成运算放大电路的应用电路时，应判断其中的集成运算放大电路是否工作在线性区，在此基础上，根据线性区或非线性区的特点分析具体电路的工作原理。

3. 集成运算放大电路的线性应用

（1）反相输入比例运算电路。

反相输入比例运算电路如图 3-44 所示。图中，输入电压 u_i 通过外接电阻 R_1 加在反相端上，同相端经过平衡电阻 R' 接地，输出电压 u_o 经过 R_f 接回反相端，形成一个深度电压并联负反馈，故该电路工作在线性区。

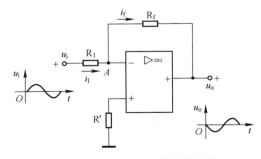

图 3-44　反相输入比例运算电路

由于线性区的特点有 $U_+ = U_-$（虚短）、$I_+ = I_- = 0$（虚断）。

根据虚断，可知同相输入端的输入电流为零，在 R′上没有形成电压降，因此 $U_+=0$。

根据虚短，$U_+=U_-$，所以 $U_-=0$，即 A 点的电位等于零（$U_A=0$），这种现象称为虚地。虚地是反相输入运算放大电路的一个重要特点。因为从 A 点流入运算放大电路的电流为零（$I_-=0$），所以有 $i_1=i_f$，因此有

$$\frac{u_i-U_-}{R_1}=\frac{U_--u_o}{R_f}$$

又由于上式中 $U_-=0$，可求得输出电压和输入电压的关系为

$$u_o=-\frac{R_f}{R_1}u_i \tag{3-25}$$

由式（3-25）可以看出，输出电压 u_o 与输入电压 u_i 成比例关系，式中的负号表示输出电压 u_o 与输入电压 u_i 反相。对于正弦信号，u_o 与 u_i 相位相反；对于直流信号，u_o 与 u_i 正负极性相反；当 $R_1=R_f$ 时，$u_o=-u_i$，即称为反相器。

> **【例题3-5】** 图 3-45 中，已知 $R_1=R_f=10\text{k}\Omega$，$R'=5\text{k}\Omega$，$u_i=10\text{mV}$，试求输出电压 u_o。
>
> **解：** $u_o=-(R_f/R_1)u_i=-10\text{mV}$
>
> 根据运算结果可知输出电压 u_o 与输入电压 u_i 大小相同，极性相反。

（2）同相输入比例运算电路。

同相输入比例运算电路如图 3-45 所示，输入电压 u_i 通过 R′加在同相端上，反相端经过 R₁接地，输出电压 u_o 通过 R_f 接回反相端，形成一个深度电压串联负反馈，故该电路工作在线性区。

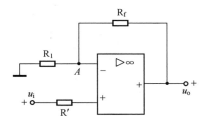

图 3-45 同相输入比例运算电路

由于线性区的特点，有 $U_+=U_-$（虚短）、$I_+=I_-=0$（虚断）。

根据虚断，$I_+=I_-=0$，故在 R′上没有电压降，所以 $U_+=u_i$。

根据虚短，$U_-=U_+=u_i$，即 A 点的电位等于输入信号。

由图 3-45 可知：

$$U_-=U_+=u_o\frac{R_1}{R_1+R_f}$$

式中，$U_+=u_i$，可求得输出电压和输入电压的关系为

$$u_o=u_i\frac{R_1+R_f}{R_1}=u_i\left(1+\frac{R_f}{R_1}\right) \tag{3-26}$$

由式（3-26）可以看出，输出电压与输入电压成比例关系，且 u_o 与 u_i 的变化方向相同，即同相关系。当 R_f 短路（$R_f=0$）、R_1 开路（$R_1=\infty$）时，$u_o=u_i$，即称为同相器，又称为电压跟随器，如图 3-36 所示。

（3）加法运算电路。

反相输入加法运算电路如图 3-47 所示，根据电路并由虚地得：

$$u_N = 0$$

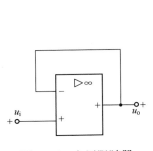
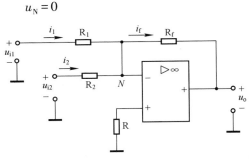

图 3-46　电压跟随器　　　　　图 3-47　反相输入加法运算电路

根据虚断，可得 $i_N=0$，那么虚地点 N 存在

$$i_1+i_2=i_f$$

$$\frac{u_{i1}}{R_1}+\frac{u_{i2}}{R_2}=\frac{u_N-u_o}{R_f}=\frac{0-u_o}{R_f}=-\frac{u_o}{R_f}$$

则

$$u_o=-R_f\left(\frac{u_{i1}}{R_1}+\frac{u_{i2}}{R_2}\right) \qquad (3-27)$$

当 $R_1=R_2$ 时，则

$$u_o=-\frac{R_f}{R_1}(u_{i1}+u_{i2}) \qquad (3-28)$$

由式（3-28）可以看出，电路的输出电压 u_o 与两输入电压之和（$u_{i1}+u_{i2}$）成比例且相位相反，电路实现了反相加法比例运算。

当 $R_1=R_2=R_3=R_f$ 时，就有

$$u_o=-(u_{i1}+u_{i2}) \qquad (3-29)$$

由式（3-29）可以看出，电路的输出电压等于两输入电压之和且相位相反，电路实现了反相加法运算。

【例题 3-6】图 3-48 中，$R_f=10k\Omega$，$R_1=100k\Omega$，$R_2=100k\Omega$、$R_3=50k\Omega$，已知 $u_{i1}=1V$，$u_{i2}=1.5V$，$u_{i3}=-2V$，试求输出电压 u_o。

解：根据式（3-27）可写出

$$u_o=-R_f\left(\frac{u_{i1}}{R_1}+\frac{u_{i2}}{R_2}+\frac{u_{i3}}{R_3}\right)$$

$$=-\left(\frac{R_f}{R_1}u_{i1}+\frac{R_f}{R_2}u_{i2}+\frac{R_f}{R_3}u_{i3}\right)$$

$$= -\left[\frac{10}{100} \times 1 + \frac{10}{100} \times 1.5 + \frac{10}{50} \times (-2)\right]$$

$$= 0.15V$$

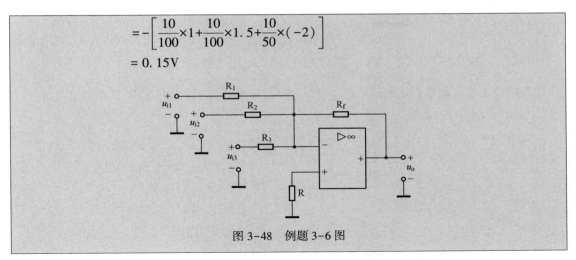

图 3-48　例题 3-6 图

（4）减法运算电路。

减法运算电路如图 3-49 所示，利用叠加原理可得到输出与输入之间的运算关系，具体分析如下。

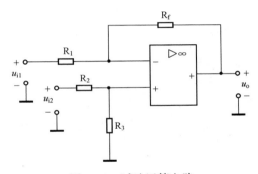

图 3-49　减法运算电路

u_{i1} 单独作用时，$u_{i2}=0$，图 3-49 为反相输入比例运算电路，则

$$u'_o = -\frac{R_f}{R_1} u_{i1}$$

u_{i2} 单独作用时，$u_{i1}=0$，图 3-49 为同相输入比例运算电路，则

$$u_+ = \frac{R_3}{R_1+R_3} u_{i2}$$

$$u''_o = \left(1+\frac{R_f}{R_1}\right) u_+ = \left(1+\frac{R_f}{R_1}\right) \cdot \frac{R_3}{R_1+R_3} u_{i2}$$

u_{i1}、u_{i2} 共同作用时：

$$u_o = u'_o + u''_o = -\frac{R_f}{R_1} u_{i1} + \left(1+\frac{R_f}{R_1}\right) \cdot \frac{R_3}{R_2+R_3} u_{i2}$$

$$= -\left(\frac{R_f}{R_1} u_{i1} - \frac{R_1+R_f}{R_1} \cdot \frac{R_3}{R_2+R_3} u_{i2}\right) \tag{3-30}$$

若 $R_1 = R_2 = R_3 = R_f$，则

$$u_o = -(u_{i1} - u_{i2}) \tag{3-31}$$

由式（3-31）可以看出，输出电压等于两输入电压之差。

【例题 3-7】图 3-50 中，$R_1 = R = 10\text{k}\Omega$，$R_{f1} = 51\text{k}\Omega$，$R_{f2} = 100\text{k}\Omega$，$u_{i1} = 0.5\text{V}$，$u_{i2} = 1\text{V}$，试求 u_{o1} 和 u_o。

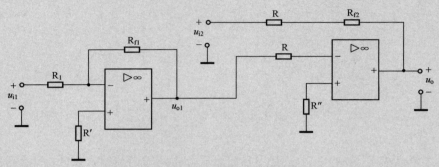

图 3-50　例题 3-7 图

解： 根据式（3-25），可得：

$$u_{o1} = -\frac{R_{f1}}{R_1} u_{i1} = -\frac{51}{10} \times 0.5\text{V} = -2.55\text{V}$$

根据式（3-28），可得：

$$u_o = -\frac{R_{f2}}{R}(u_{o1} + u_{i2}) = -\frac{100}{10} \times (-2.55 + 1) = 15.5\text{V}$$

（5）积分运算电路。

积分运算电路原理图如图 3-51（a）所示，图中 A 点为虚地，所以

$$i_i = \frac{u_i}{R}, \qquad i_f = -C\frac{\mathrm{d}u_o}{\mathrm{d}t}$$

因为

$$i_i = i_f$$

所以

$$\frac{u_i}{R} = -C\frac{\mathrm{d}u_o}{\mathrm{d}t}$$

则

$$u_o = -\frac{1}{RC}\int u_i \mathrm{d}t \tag{3-32}$$

由式（3-32）可以看出，输出电压与输入电压对时间的积分成正比。若输入电压为恒定的直流信号，那么输出电压

$$u_o = -\frac{U}{RC} \cdot t \tag{3-33}$$

由式（3-33）可以看出，输入电压 u_i 为恒定的直流信号时，输出电压与时间成正比，波形图如图 3-51（b）所示。若设输出电压 u_o 的初始值为 0V，则最大输出电压受集成运算放大电路最大输出电压 $\pm U_{oM}$ 的限制。

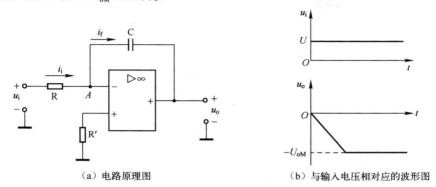

（a）电路原理图　　　　　　　　　（b）与输入电压相对应的波形图

图 3-51　积分运算电路

【例题 3-8】 在图 3-51（a）所示的电路中，$R=10\text{k}\Omega$，$C=10\mu\text{F}$。若集成运算放大电路的最大输出电压 $U_{oM}=\pm24\text{V}$，输入电压 $u_i=-3\text{V}$。求时间 t 分别为 2s、3s 和 4s 时的输出电压 u_o 的值。

解： 根据式（3-33）可以得出

$$u_o = -\frac{u_i}{RC} \cdot t = -\frac{-3}{10\times10^3\times10\times10^{-6}} \cdot t = 3t$$

（1）当 $t=2\text{s}$ 时，$u_o=6\text{V}$。

（2）当 $t=3\text{s}$ 时，$u_o=9\text{V}$。

（3）当 $t=4\text{s}$ 时，$u_o=12\text{V}$。

（6）微分运算电路。

将积分运算电路的 R、C 位置对调即微分运算电路，如图 3-52 所示。

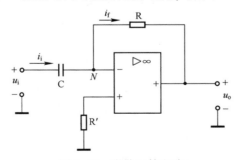

图 3-52　微分运算电路

图 3-52 中 N 点为虚地，即 $U_N=0$，则

$$i_i = C\frac{\mathrm{d}u_i}{\mathrm{d}t}, \quad i_f = -\frac{u_o}{R}$$

因为虚断

$$i_i = i_f$$

即

$$C\frac{du_i}{dt} = -\frac{u_o}{R}$$

所以

$$u_o = -RC\frac{du_i}{dt} \qquad\qquad (3-34)$$

由式（3-34）可以看出，输出电压与输入电压对时间的微分成正比。

任务实施

分析集成运算放大电路的内部结构和工作特点，对集成运算放大电路的基本运算电路进行计算，掌握其线性应用和非线性应用电路的工作原理。

任务训练

1. 课前预习（判断题）

（1）集成运算放大电路实质上是一个高增益的直流放大电路。（   ）

（2）集成运算放大电路可以工作在线性区，也可以工作在非线性区。（   ）

（3）在运算电路中，集成运算放大电路的反相输入端均为虚地。（   ）

（4）凡是运算电路都可利用"虚短"和"虚断"的概念求解运算关系。（   ）

（5）在反相加法运算电路中，集成运算放大电路的反相输入端为虚地，流过反馈电阻的电流基本上等于各输入电流之和。（   ）

（6）集成运算放大电路工作在线性区时，必须引入负反馈。（   ）

（7）当集成运算放大电路工作在非线性区时，输出电压不是高电平就是低电平。（   ）

（8）只要集成运算放大电路引入正反馈，就一定工作在非线性区。（   ）

2. 能力训练

（1）在图 3-53 所示的电路中，已知 $R_1 = R_2 = 4k\Omega$，$R_3 = R_f = 20k\Omega$，$u_{i1} = 1V$，$u_{i2} = 1.5V$，求输出电压 u_o 的值。

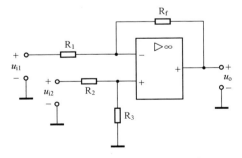

图 3-53　能力训练题（1）图

（2）求图 3-54 所示电路中 u_o 与 u_{i1}、u_{i2} 的关系。

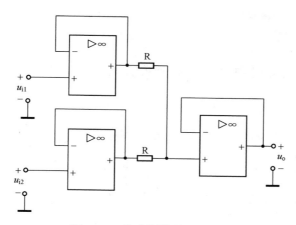

图 3-54　能力训练题（2）图

3. 基本训练

（1）选择题。

① 集成运算放大电路工作在线性区时，必须引入（　　）。

A. 正反馈　　　　　　　　　　　　B. 负反馈

C. 无反馈　　　　　　　　　　　　D. 正反馈或负反馈

② 在运算放大电路中，集成运算放大电路工作在（　　）状态。

A. 开环　　　　　　　　　　　　　B. 闭环

C. 深度负反馈　　　　　　　　　　D. 正反馈

③ 理想集成运算放大电路的两个重要结论是（　　）。

A. 虚地与反相　　　　　　　　　　B. 虚短与虚地

C. 虚短与虚断　　　　　　　　　　D. 虚断与虚地

（2）试讨论集成运算放大电路的电压传输特性。

实训 7　集成运算放大电路的测试

实施要求

（1）掌握集成运算放大电路的线性应用。

（2）学会基本运算电路的调试与测试。

实施器材

（1）万用表 1 块、示波器 1 台。

（2）电子电工实验台。

实施内容及步骤

（1）在电子电工实验台上按照图 3-55 连接电路。

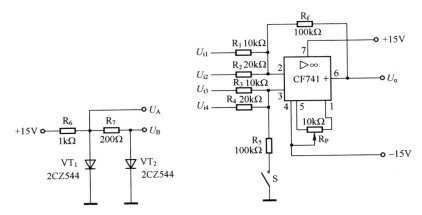

图 3-55 集成运算放大电路的线性应用

（2）集成运算放大电路的静态调试。

① 使输入信号全为零，用示波器测量观察输出端有无自激振荡现象，若有则应设法消除。

② 使输入信号全为零，调节电位器 R_P 使输出信号 $U_o = 0$。

（3）将实验电路连接成一个反相比例运算放大电路，分别将 U_A、U_B 作为输入信号 U_{i1}。测量运算放大电路的输出电压 U_o，并填入表 3-3 中。

（4）将实验电路连接成一个同相比例运算放大电路，分别将 U_A、U_B 作为输入信号 U_{i4}。测量运算放大电路的输出电压 U_o，并填入表 3-4 中。

（5）将实验电路连接成一个加法运算放大电路，将 U_A 作为输入信号 U_{i1}，将 U_B 作为输入信号 U_{i2}。测量运算放大电路的输出电压 U_o，并填入表 3-5 中。

（6）将实验电路连接成一个减法运算放大电路，将 U_A 作为输入信号 U_{i1}，将 U_B 作为输入信号 U_{i3}。测量运算放大电路的输出电压 U_o，并填入表 3-6 中。

《集成运算放大电路的测试》实训报告

班级_____ 姓名_____ 学号_____ 成绩_____

一、根据实训内容填写表 3-3~ 表 3-6

表 3-3 反相比例运算放大电路数据测试表

输入信号	实际输出 U_o	理论计算值 U_o
$U_{i1} =$		
$U_{i1} =$		

表 3-4　同相比例运算放大电路数据测试表

输入信号	实际输出 U_o	理论计算值 U_o
$U_{i4} =$		
$U_{i4} =$		

表 3-5　加法运算放大电路数据测试表

输入信号	实际输出 U_o	理论计算值 U_o
$U_{i1} =$ $U_{i2} =$		

表 3-6　减法运算放大电路数据测试表

输入信号	实际输出 U_o	理论计算值 U_o
$U_{i1} =$		
$U_{i3} =$		

二、根据实训内容完成下列简答题

1. 通过本次实训，试谈一下如何对集成运算放大电路进行实验前的静态测试。

2. 根据测试结果，比较运算放大电路的测量值与实际测量值，分析产生偏差的原因。

任务 3-2　应用实践

应用实践

 学习目标

（1）进一步理解音频放大电路的工作原理，掌握元器件的选择方法。
（2）能看懂音频放大电路原理图和 PCB 图。
（3）会使用万用表等工具检测音频放大电路元器件的质量好坏。
（4）学会电路元器件的安装，能够正确装配焊接电路。
（5）学会调试音频放大电路。

思政目标

通过对实际音频放大电路的分析、元器件的检测和实物电路的安装与调试，培养学生的职业规范和职业素养；培养学生求真务实、实践创新、精益求精的工匠精神；培养学生成为时代担当的技术技能人才。

子任务 3-2-1　熟悉音频放大电路

工作任务

进一步熟悉音频放大电路的结构和工作原理，对整体电路进行分解，并指出前置电压放大电路、单电源互补功率放大电路和反馈电路的元器件组成，识别各元器件在电路中的符号、文字标识和作用。

任务分析

音频放大电路由前置电压放大电路、单电源互补功率放大电路和反馈电路组成，其中前置电压放大电路采用两级电压放大，目的是为功率放大电路提供较强的电压输入信号；单电源互补功率放大电路采用了 8050 和 8550 两种类型的三极管组成的互补推挽功率放大电路，可将输入的小电压信号进行放大输出，推动扬声器发声。

1. 实施要求

熟悉音频放大电路的结构组成，能识别不同类型的三极管、音量电位器和扬声器等元器件在电路中的符号和文字标识，掌握并理解各元器件在电路中的作用。

2. 实施步骤

（1）熟悉音频放大电路原理图的组成。

音频放大电路原理图如图 3-56 所示。

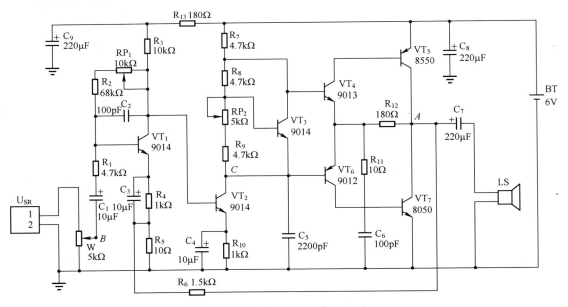

图 3-56　音频放大电路原理图

（2）本电路是以 9012、9013、9014、8550 和 8050 三极管为核心器件构成的音频放大电路，它由前置电压放大电路、单电源互补功率放大电路和反馈电路组成。对照图 3-56，分析其电路结构组成及各元器件的作用，并填入表 3-7 中。

表 3-7　音频放大电路的结构组成及各元器件的作用

序号	电路结构组成	电路元器件组成	元器件作用
1	前置电压放大电路		
2	单电源互补功率放大电路		
3	反馈电路		

子任务 3-2-2　检测音频放大电路元器件

工作任务

熟悉 9012、9013、9014、8550 和 8050 三极管的封装形式及其引脚的排列，并掌握其主要性能参数。会使用万用表检测音频放大电路元器件的性能好坏。

任务分析

9012、9013、9014、8550 和 8050 三极管是音频放大电路的核心器件，其工作性能决定着音频输出信号的质量；会使用万用表检测电路元器件是正确安装、调试电路的基础。

1. 实施要求

能识别音频放大电路中各元器件实物，学会使用万用表检测其质量好坏，能判断相关元器件的引脚名称。填写元器件检测表，掌握 9012、9013、9014、8550 和 8050 三极管的主要性能参数。

2. 实施步骤

（1）首先根据电路元器件清单清点、整理元器件并分类放置好。

（2）然后逐一进行检测，并将检测结果填入表 3-8 中。

表 3-8　音频放大电路元器件识别与检测表

序号	标号	名称	参数	数量	检测结果
1	R_1	电阻	4.7kΩ	1	
2	R_2	电阻	68kΩ	1	
3	R_3	电阻	10kΩ	1	
4	R_4、R_{10}	电阻	1kΩ	2	
5	R_5、R_{11}	电阻	10Ω	2	
6	R_6	电阻	1.5kΩ	1	
7	R_7、R_8、R_9	电阻	4.7kΩ	3	
8	R_{12}、R_{13}	电阻	180Ω	2	
9	RP_1	电位器	10kΩ	1	
10	RP_2	电位器	5kΩ	1	
11	C_1、C_3、C_4、	电解电容	10μF	3	
12	C_7、C_8、C_9	电解电容	220μF	3	
13	C_2、C_6、	瓷片电容	100pF	2	
14	C_5	电解电容	2200pF	1	
15	VT_1、VT_2、VT_3	三极管	9014	3	
16	VT_4	三极管	9013	1	
17	VT_5	三极管	8550	1	
18	VT_6	三极管	9012	1	
19	VT_7	三极管	8050	1	
20	LS	扬声器	8Ω、0.5W	1	
21	U_{SR}	端子	2P	1	
22	BT	电池盒	6V	1	

子任务 3-2-3　安装、调试音频放大电路

 工作任务

根据音频放大电路原理图和 PCB 图，采用规范的安装程序对音频放大电路元器件的引脚进行整形、插装和焊接，对整机电路进行装配；用万用表和示波器对音频放大电路关键点

的电压值和波形进行测试，调节电路相关元器件参数并对电路进行调试。

 任务分析

准确无误地安装电路是保证音频放大电路正常工作的前提，电路安装前必须对元器件的引脚进行必要的整形。根据 PCB 的实际要求，合理选择元器件安装的位置，按照规范的安装工作要求对元器件进行焊接；电路安装完毕后，接入直流电源、输入音频信号、检查扬声器是否发出洪亮的声音，并且判断声音是否可调；再使用万用表和示波器测试音频放大电路关键点电压的波形并调试电路。

1. 实施要求

学会元器件引脚的整形与插装，熟练掌握手工焊接技能，能对调功电路进行焊接安装并检查。

2. 实施步骤

（1）元器件引脚整形和试插装。

在安装前必须对元器件的引脚进行整形。本任务必须对电阻和电容进行整形，如图 3-57（a）所示。按照元器件检测表清单和 PCB 上的元器件编号，找准各元器件的位置，将所有元器件进行试插装，并观察元器件总体插装情况是否合理，如图 3-57（b）所示。

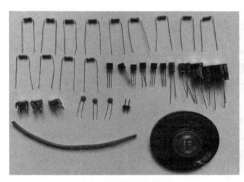 

（a）元器件引脚整形   （b）试插装

图 3-57 元器件引脚整形和试插装

（2）元器件的安装、焊接。

先将 PCB 试插装上的元器件逐个取下，然后依次重新把元器件安装在 PCB 上，如图 3-58 所示。在操作的过程中可先安装电阻、电容、电位器等元器件，再安装三极管和扬声器。另外，电解电容要严格区分正、负极并正确安装，三极管的三个引脚必须对号插入。最后检查元器件极性是否接对，是否有错焊、漏焊、虚焊、连焊等情况，若存在则必须及时更正。

（3）电路调试。

电路安装、焊接后，对电路进行调试，检验音频放大电路是否能放大音频信号。调试步骤如下。

（a）PCB安装面　　　　　　　　　　（b）PCB焊接面

图 3-58　元器件安装、焊接

① 准备示波器和万用表等。

② 检测直流电源供电、中点电压是否正常。接入直流 6V 电源，用万用表检测电容 C_8 两端的电压是否为 6V，若该直流工作电压不正常，则检查 C_8、C_9 和 R_{13} 直流供电电路，直至恢复直流供电；检测中点 A 对地电压是否为 3V，若小于 3V，则可调节 RP_1，使 A 点对地电压为 3V。

③ 试机检查。在 U_{SR} 两端通入音频信号，试听扬声器是否发出洪亮的声音，若无声，则检查元器件安装是否出错，直至排除错误；调节音量电位器 W，观察扬声器发出的声音是否可调，若不可调，则必须检查音量电位器 W、R_2 是否正常，直至排除故障。

④ 测试音频输出信号是否存在交越失真。用示波器测试并观察 A 点输出信号的波形，若出现交越失真，则调节 RP_2，直至输出信号消除交越失真。

⑤ 测试音频电路的关键点电压波形。接入直流 6V 电源，并且通入音频信号，用示波器检测音频放大电路输入信号（B 点）和输出信号（A 点）的波形，对比输入、输出两个信号波形，观察输出信号的幅值。

3. 调试作业指导书

电路调试内容及过程可参考表 3-9 和表 3-10，按照参考表进行调试。

表 3-9　调试作业指导书

项　目	操 作 内 容	检查或测试结果	分　析	措　施
测试 6V 直流工作电源	用万用表测量电容 C_8 两端电压是否正常	是	6V 直流电源接入电路	—
		否	检查电池盒内部连接是否断线	观察电池盒内部连线是否断路并排除故障
			检查电容 C_8、C_9 及电路是否完好，电阻 R_{13} 及电路是否开路	用万用表检测电容 C_8、C_9 及电阻 R_{13} 是否正常并排除故障
测试中点 A 的电压	检测中点 A 对地电压是否约为 3V	是	OTL 中点电压正常	—
		否	中点电压调节电路参数不准	调节电位器 RP_1，使中点 A 对地电压约为 3V

项　　目	操 作 内 容	检查或测试结果	分　　析	措　　施
测试音频输出信号	用示波器测试 A 点的波形是否正常	是	输出信号无失真	—
		否	产生了交越失真	调节 RP_2，直至输出信号消除交越失真
关键点电压波形	调节音量电位器 W，同时用示波器探测输出信号（A 点）波形的幅值是否可调	是	音频放大电路基本正常	—
		不可移相	音量调节电路存在故障	用万用表检测 R_1、C_1 是否正常并排除故障

表 3-10　电路电压测试指导书

项　　目	操 作 内 容	测 试 结 果	测 试 波 形
音频输入信号波形测试	用示波器测量输入端 B 点的电压波形	电压类型：_____。 电压幅值：$V_{P-P} = $_____。 电压周期：$T = $_____	
电压放大输出波形测试	用示波器测量 C 点的电压波形	电压类型：_____。 电压幅值：$V_{P-P} = $_____。 电压周期：$T = $_____	
功率输出波形测试	用示波器测量音频输出端 A 点的电压波形	电压类型：_____。 电压幅值：$V_{P-P} = $_____。 电压周期：$T = $_____	

项目 4　信号发生器的安装与调试

任务 4-1　剖析信号发生器

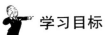 学习目标

（1）进一步理解集成运算放大器工作在非线性区的特点。
（2）认识电压比较器，会分析其电路的工作原理。
（3）掌握集成运算放大器在信号产生方面的应用。
（4）掌握正弦波振荡器的基本原理。
（5）会分析正弦波信号发生器。

 思政目标

信号发生器是应用广泛的电子电路，它在无信号输入的情况下要产生一定频率、一定幅度、一定波形的交流信号，就需要各种类型的信号产生电路。就波形而言，可以是正弦波、非正弦波（方波、三角波、锯齿波等）。让学生充分了解正弦波信号发生器广泛应用于广播、通信和电视等信号的传输和转换等系统中；也让学生了解非正弦波信号发生器在测量、自动控制及数字系统等电路中应用的地位。通过剖析信号发生器，培养学生的创造性思维，激发学生学习电子技术的热情，为学好自动控制系统及走向技术工作岗位打下基础。

子任务 4-1-1　方波信号发生器

 工作任务

理解电压比较器的电压比较原理，掌握方波信号发生器的结构和信号发生工作原理。

任务分析

电压比较器是自动控制电路常使用的电子电路，在自动控制系统中起关键性作用。方波信号发生器主要用来产生方波信号，以满足各种控制电路的需求。

 **相关知识**

1. 电压比较器

图 4-1（a）所示为简单电压比较器电路图，运算放大电路处于开环状态，输入信号 u_i 从反相端加入，同相端加参考电压 U_R，输出电压为 u_o。

因理想情况下运算放大电路的开环电压放大倍数 $A_{od} = \infty$，输入偏置电流 $I_{IB} = 0$，输入失调电压 $U_{IO} = 0$，当反相端电位高于同相端电位，即 $U_- > U_+$ 时，输出电压 u_o 为低电平（$u_o = -U_{oM}$）；当 $U_- < U_+$ 时，输出电压 u_o 为高电平（$u_o = +U_{oM}$）。$+U_{oM}$ 和 $-U_{oM}$ 分别为运算放大电路的正、反向饱和电压。

如果参考电压 $U_R = 0$，则意味着，当 $u_i < 0$ 时，u_o 输出高电平；当 $u_i > 0$ 时，u_o 输出低电平。根据这一结果，可以将正弦交流电作为 u_i 输入，随后在输出端产生一个方波，即将正弦波转换成了方波，波形图如图 4-1（b）所示。

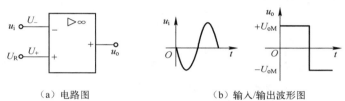

（a）电路图　　　　　　　　　（b）输入/输出波形图

图 4-1　简单电压比较器

2. 方波信号发生器

利用电压比较器和电容的充放电可组成方波信号发生器。电路图如图 4-2（a）所示。

电路的工作过程如下：U_+ 的大小由 R_1 和 R_2 分压从双向稳压二极管取得。接上电源后，电源对电容 C 进行充电，在充电初期，由于所充电压较低，$U_- < U_+$，电路输出 u_o 为高电平。由于受稳压二极管钳制，因此 $u_o = +U_Z$。随着充电的进行，一旦 $U_- > U_+$，输出就翻转，输出 u_o 为低电平，则 $u_o = -U_Z$，输出如图 4-2（b）所示的方波。

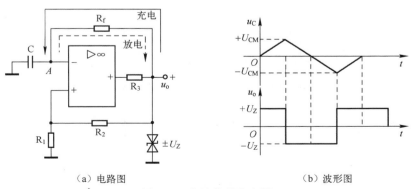

（a）电路图　　　　　　　　　（b）波形图

图 4-2　方波信号发生器

任务实施

理解电压比较器的工作原理，分析方波信号发生器的结构组成及工作原理。

 任务训练

1. 课前预习（判断题）

（1）电压比较器是集成运算放大器的非线性应用。（　　）

（2）电压比较器能实现波形的变换。（　　）

（3）过零电压比较器属于单门限电压比较器。（　　）

（4）利用电压比较器可以将矩形波变换成正弦波。（　　）

（5）当集成运算放大器工作在非线性区时，输出电压不是高电平就是低电平。（　　）

（6）一般情况下，在电压比较器中，集成运算放大器不是工作在开环状态，就是引入了正反馈。（　　）

2. 能力训练

（1）图 4-3 所示的集成运算放大器，电源电压为 $\pm15\text{V}$，电压放大倍数 $A_\text{u}=10^5$，最大输出电压 $U_\text{oM}=\pm13\text{V}$。试求下列情况下的输出电压 u_o。

① $u_+=10\mu\text{V}$，$u_-=-10\mu\text{V}$。

② $u_+=-10\mu\text{V}$，$u_-=10\mu\text{V}$。

③ $u_+=-10\mu\text{V}$，$u_-=0\mu\text{V}$。

④ $u_+=0\mu\text{V}$，$u_-=200\mu\text{V}$。

图 4-3　能力训练题（1）图

（2）电压比较器如图 4-4（a）所示，已知集成运算放大器的 $\pm U_\text{oM}=\pm15\text{V}$，$\pm U_\text{Z}=\pm7\text{V}$，稳压二极管的正向压降忽略不计。

① 画出电压传输特性 $u_\text{o}=f(u_\text{i})$ 曲线。

② 若在输入端输入图 4-4（b）所示的正弦信号，则画出电压比较器输出电压 u_o 的波形。

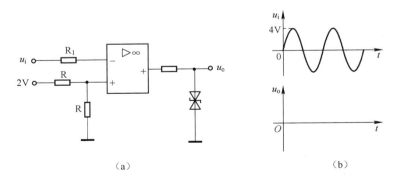

（a）　　　　　　　　　　　　　　　（b）

图 4-4　能力训练题（2）图

3. 基本训练

（1）选择题。

① 电压比较器中，集成运算放大器工作在（　　）区。

A. 非线性　　　　　　B. 开环放大　　　　　　C. 闭环放大　　　　　　D. 线性

② 在单门限电压比较器中，集成运算放大器工作在（　　）状态。

A. 放大　　　　　　　B. 开环　　　　　　　　C. 闭环　　　　　　　　D. 线性

③ 过零电压比较器实际上是（　　）电压比较器。

A. 单门限　　　　　　B. 双门限　　　　　　　C. 三门限　　　　　　　D. 无门限

④ 在 u_i<5V 时，u_o 为高电平；而在 u_i>5V 时，u_o 为低电平，这时可采用（　　）。

A. 同相输入单门限电压比较器　　　　　　B. 反相输入单门限比较器

C. 反相输入迟滞电压比较器　　　　　　　D. 同相输入迟滞电压比较器

⑤ 方波发生器中电容两端的电压为（　　）波。

A. 矩形　　　　　　　B. 正弦　　　　　　　　C. 三角　　　　　　　　D. 锯齿

⑥ 工作在开环状态的电压比较器，其输出不是正饱和值，就是负饱和值，它们的大小取决于（　　）。

A. 集成运算放大器的开环放大倍数

B. 外电路参数

C. 集成运算放大器的工作原理

D. 集成运算放大器的参数

（2）讨论。

电压比较器的基准电压 U_R 分别接在运算放大器的同相输入端或反相输入端，试讨论其电压传输特性有何不同。

子任务 4-1-2　正弦波信号发生器

 工作任务

掌握自激振荡的概念和条件，分析 LC 振荡器、RC 振荡器和石英晶体振荡器的电路结构和工作原理。

 任务分析

正弦波信号发生器又称为正弦波振荡器，它不需要外加输入信号，就能够自行产生特定频率的交流输出信号，从而将电源的直流电能转换成交流电能输出，因此这种电路被称为自激振荡电路。正弦波信号发生器在自动控制、仪器仪表、广播通信等领域有广泛的应用，实验室中所用的低频信号发生器就是一种正弦波信号发生器的实例。通过学习，可以掌握 LC 振荡器、RC 振荡器和石英晶体振荡器的电路结构和工作原理。

微课

正弦波信号
发生器

· 131 ·

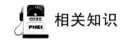

1. 自激振荡电路

如果在基本放大电路中引入正反馈，如图 4-5 所示，则 u_o 将越来越大。既然如此，我们干脆把输入信号 u_i 去掉，用反馈信号 u_F 代替输入信号，即在没有输入信号的情况下也能保持一定的输出信号幅度，这就是自激振荡电路。

因此，产生自激振荡必须同时满足以下两个基本条件。

（1）相位平衡条件：u_F 与 u_i' 必须同相位，也就是要求正反馈。

（2）幅值平衡条件：u_F 与 u_i' 的值相等。

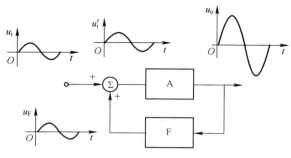

图 4-5　自激振荡电路

产生自激振荡的两个基本条件中，关键是相位平衡条件，如果电路不满足正反馈要求，则肯定不会振荡。至于幅值平衡条件，可以在满足相位平衡条件后，调节电路参数来达到。因此，自激振荡电路实际上是一个不要输入信号且具有足够强的正反馈的放大电路。

从对这两个基本条件的分析中可以看到，振荡电路是由放大电路（A）和反馈网络（F）两大主要部分组成的一个闭环系统。另外，为了得到单一频率的正弦波，电路还必须具有选频特性，即只有某一特定频率的正弦波才能满足自激振荡条件，所以电路中还应包含选频网络。

根据选频网络的不同，正弦波振荡器可分为 LC 振荡器、RC 振荡器及石英晶体振荡器。

2. LC 振荡器

LC 振荡器有变压器反馈式和三点式两种，其中三点式 LC 振荡器根据其反馈网络的不同，又分为电感三点式振荡器和电容三点式振荡器两种。图 4-6 所示为各种 LC 振荡器。

3. RC 振荡器

图 4-7 所示为 RC 振荡器，它由两部分组成。虚线框内是一个两级电压串联负反馈放大电路，它有足够大的稳定的放大倍数，以满足自激振荡的幅值条件。由于放大电路是由两级共射放大电路组成的，因此输出电压 u_o 和输入电压 u_i 相位相同，以满足电路正反馈的需要。虚线框左边的 R_1、C_1 和 R_2、C_2 构成串并联网络，并有 $R_1 = R_2$、$C_1 = C_2$。网络的谐振频率为 f_o，则称这个网络具有选频特性。

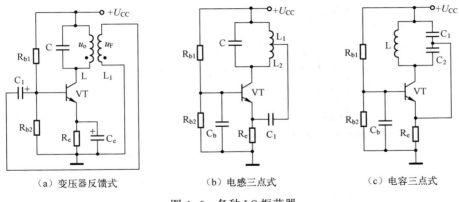

（a）变压器反馈式　　　　　（b）电感三点式　　　　　（c）电容三点式

图 4-6　各种 LC 振荡器

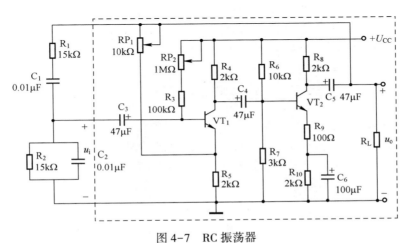

图 4-7　RC 振荡器

图 4-8 所示为文氏桥振荡器，它由两部分组成，其一为带有串联电压负反馈的放大器；其二为具有选频作用的 RC 反馈网络。

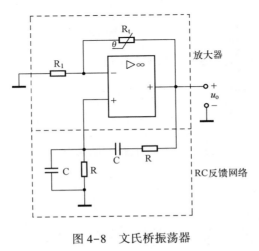

图 4-8　文氏桥振荡器

4. 石英晶体振荡器

石英晶体振荡器是利用石英晶体（二氧化硅的结晶体）的压电效应制成的一种谐振器件。从一块石英晶体上按一定方位角切下薄片（简称为晶片，它可以是正方形、矩形或圆形等），在它的两个对应面上涂敷银层作为电极，在每个电极上各焊一根引线接到引脚上，再加上封装外壳就构成了石英晶体振荡器，简称石英晶体或晶体、晶振。其产品一般用金属外壳封装，也有用玻璃壳、陶瓷或塑料封装的。其外形、结构和符号如图4-9所示。

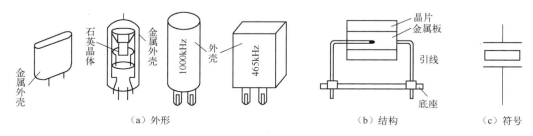

图4-9 石英晶体振荡器的外形、结构和符号

在石英晶体谐振器的两个电极处加交变电压，晶体将产生机械形变振动，而这一振动又会产生交变电场，这种现象称为压电效应。通常它们的振幅都很小，但当外加交变电压的频率正好等于石英晶体的固有频率时，振幅突然加大，这种现象称为谐振。因此，石英晶体谐振器可等效为一个 LC 谐振电路，与其他元件组合即构成石英晶体振荡器，如图4-10所示。

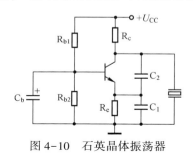

图4-10 石英晶体振荡器

石英晶体振荡器的突出优点是振荡频率非常稳定，常用于电子钟、精确计时仪器和通信设备上。

 任务实施

掌握自激振荡的条件，分析正弦波振荡电路的结构组成及工作原理。

 任务训练

1. 课前预习（判断题）

（1）振荡器中为了产生一定频率的正弦波，必须要有选频网络。（　　　）

（2）放大电路必须同时满足相位平衡条件和幅值平衡条件才能产生自激振荡。（　　　）

（3）振荡器和放大器一样，也是一种能量转换装置。（　　）

（4）正弦波振荡器中的三极管不需要合适的静态工作点。（　　）

（5）放大电路满足存在正反馈就一定产生正弦波振荡的要求。（　　）

（6）LC 振荡器的组成与 RC 振荡器的组成原则上是相同的。（　　）

2. 能力训练

判断图 4-11 中各电路是否满足振荡的相位平衡条件。

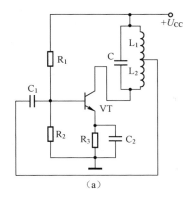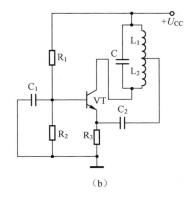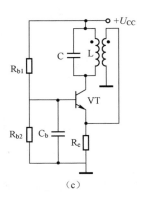

图 4-11　能力训练题图

3. 基本训练（选择题）

（1）正弦波电路维持等幅振荡的条件是（　　）。

A. $A_A A_F > 1$　　　　　B. $A_A A_F = 1$　　　　　C. $A_A A_F < 1$　　　　　D. $A_A A_F \geq 1$

（2）电路形成自激振荡的主要原因是电路中（　　）。

A. 引入了正反馈　　　B. 引入了负反馈　　　C. 电感的作用　　　　D. 电容的作用

（3）正弦波振荡器的起振信号来自（　　）。

A. 外部输入信号　　　　　　　　　　　B. 正反馈信号

C. 接直流电源瞬间的扰动信号　　　　　D. 负反馈信号

（4）在正弦波振荡器中，选频网络的作用是（　　）。

A. 满足起振的相位和幅值平衡条件

B. 提高放大电路的放大倍数

C. 使某一频率的信号满足相位和幅值平衡条件

4. 简答题

（1）简述自激振荡的条件。

（2）正弦波振荡器一般由几部分组成？各部分的作用是什么？

实训8 正弦波振荡器的测试

 实施要求

（1）进一步理解 RC 正弦波振荡器的结构组成及工作原理。

（2）加深对振荡条件的认识。

（3）学会对 RC 正弦波振荡器的连接和测量方法。

 实施器材

（1）万用表 1 块、示波器 1 台。

（2）交流毫伏表 1 块。

（3）电子电工实验台。

 实施内容及步骤

（1）在电子电工实验台上按照图 4-12 连接电路。

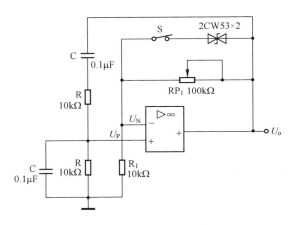

图 4-12　RC 正弦波振荡器

（2）检查电路元件及连接无误后，接通电源。

（3）用示波器观察振荡器的输出信号 U_o，调节电位器 RP_1，使输出波形为正弦波且无明显失真现象，测量 U_o 的频率和幅度，将结果填入表 4-1 中。

（4）用交流毫伏表测量 U_o、U_P 和 U_N 的电压值，同时观察 U_o 的值是否稳定，并将结果填入表 4-1 中。

（5）去掉稳压二极管（开关 S 断开），调节 RP_1，使输出电压 U_o 的波形无明显失真，测量 U_o 的幅度和频率，测量 U_P 和 U_N 的值，并将结果填入表 4-1 中。

《正弦波振荡器的测试》实训报告

班级_____ 姓名_____ 学号_____ 成绩_____

一、根据实训内容填写表 4-1

表 4-1 RC 正弦波振荡电路记录表

	f_0（实测）	f_0（计算）	U_o/V	U_N/V	U_P/V	U_o稳定程度
有稳压二极管						
无稳压二极管						

波形记录：

有稳压二极管时的 U_o 波形　　　　　　　　无稳压二极管时的 U_o 波形

二、根据实训内容完成下列简答题

1. 试分析有稳压二极管时和无稳压二极管时电路输出电压 U_o 的值和波形为何不同。

2. 在本次实训过程中一般会出现什么问题？请你谈谈解决这些问题的办法或建议。

任务 4-2　应用实践

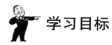 **学习目标**

（1）进一步理解电压比较器和信号发生器的工作原理。

（2）能看懂由集成运算放大器组成的信号发生器电路原理图和PCB图。

（3）能够正确装配、焊接由集成运算放大器组成的信号发生器。

（4）学会调试信号发生器。

 思政目标

通过对实际信号发生器的分析、元器件的检测和实物电路的安装与调试，提高学生理论联系实际、分析问题和解决问题的能力，培养学生的创造力和探索精神。

子任务4-2-1 熟悉信号发生器

工作任务

进一步熟悉由集成运算放大器构成的信号发生器的电路结构和工作原理，对整体电路进行分解，并指出矩形波发生电路、三角波发生电路和正弦波发生电路的元器件组成，识别各元器件在电路中的符号、文字标识和作用。

任务分析

由集成运算放大器LM324与外围元件组成的信号发生器，可以输出一定频率、一定幅度的矩形波、三角波和正弦波信号。

1. 实施要求

熟悉信号发生器的电路结构，能识别各元器件在电路中的符号和文字标识，掌握并理解各元器件在电路中的作用。

2. 实施步骤

（1）熟悉信号发生器电路原理图。

信号发生器电路原理图如图4-13所示。

（2）熟悉各部分电路组成及元器件的作用。

本电路是由集成运算放大器LM324与外围元件组成的信号发生器电路，可分别输出矩形波、三角波和正弦波信号。其中，由电压比较器构成矩形波发生电路，由积分电路构成三角波发生电路，由高通过滤器构成正弦波发生电路。对照图4-13，分析其电路结构及各元器件的作用，并填入表4-2中。

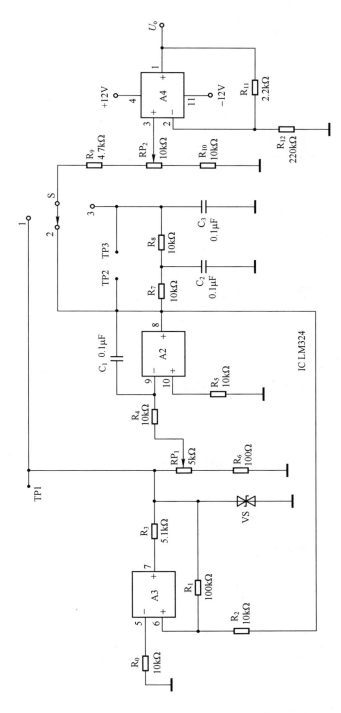

图 4-13　信号发生器电路原理图

表 4-2　信号发生器的电路结构及各元器件的作用

序　号	电路结构组成	电路核心元器件	元器件作用
1	矩形波发生电路		
2	三角波发生电路		
3	正弦波发生电路		

子任务 4-2-2　检测信号发生器元器件

 工作任务

熟悉集成运算放大器 LM324 的内部结构及其引脚的排列,并掌握其主要性能参数。会使用万用表检测信号发生器元器件的性能好坏。

 **任务分析**

LM324 是信号发生器中的关键器件,其质量的好坏决定着是否能够产生信号输出;会使用万用表检测电路元器件是正确安装、调试电路的基础。

1. 实施要求

能识别信号发生器中各元器件实物,学会使用万用表检测其质量好坏。填写元器件检测表,掌握集成运算放大器 LM324 的主要性能参数。

2. 实施步骤

(1) 首先根据电路元器件清单清点、整理元器件并分类放置好。
(2) 然后逐一进行检测,并将检测结果填入表 4-3 所示的元器件检测表中。

表 4-3 信号发生器元器件识别与检测表

序 号	标 号	名 称	参 数	数 量	检 测 结 果
1	R_1	电阻	100kΩ	1	
2	R_0、R_2、R_4、R_5、R_7、R_8、R_{10}	电阻	10kΩ	7	
3	R_3	电阻	5.1kΩ	1	
4	R_6	电阻	100Ω	1	
5	R_{11}	电阻	2.2kΩ	1	
6	R_{12}	电阻	220kΩ	1	
7	R_9	电阻	4.7kΩ	1	
8	RP_1	电位器	5kΩ	1	
9	RP_2	电位器	10kΩ	1	
10	C_1、C_2、C_3	电容	0.1μF	3	
11	IC	集成运算放大器	LM324	1	
12	VS	双向稳压二极管	8.2V	1	
13	U_o	端子	2P	1	
14	+12、GND、-12V	端子	3P	1	

（3）集成运算放大器 LM324 简介。

LM324 是一款集成了 4 个运算放大器的四路集成运算放大器 IC，由一个公共电源供电。其差分输入电压范围可以等于电源电压的范围。默认输入失调电压非常低，幅度为 2mV。环境温度范围为 0~70℃，而最高结温可达 150℃。它的主要性能参数如下。

① 单电源：3~32V。

② 双电源：±1.5~±16V。

③ 与电源电压无关的低电源电流消耗：0.8mA（典型值）。

④ 差分输入电压范围等于额定电源电压范围。

⑤ 输入失调电压：3mV（典型值）。

⑥ 输入失调电流：2nA（典型值）。

⑦ 输入偏置电流：20nA（典型值）。

⑧ 开环差分电压放大：100V/mV（典型值）。

图 4-14 所示为 LM324 的外形图和内部结构图。

（a）外形图

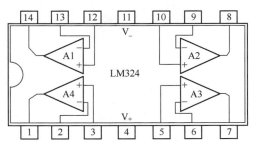

（b）内部结构图

图 4-14 LM324 的外形图和内部结构图

子任务 4-2-3　安装、调试信号发生器

工作任务

根据信号发生器电路原理图和 PCB 图，采用规范的安装程序对信号发生器元器件的引脚进行整形、插装和焊接，对整机电路进行装配；用万用表和示波器对信号发生器各点的电压值和波形进行测试，调节电路相关元器件参数并对电路进行调试。

任务分析

准确无误地安装电路是保证信号发生器正常工作的前提，电路安装前必须对元器件的引脚进行必要的整形。根据 PCB 的实际要求，合理选择元器件安装的位置，按照规范的安装工作要求对元器件进行焊接。电路安装完毕后，使用万用表和示波器对电路进行调试，检验电路是否能输出正弦波、矩形波和三角波等信号，测试信号发生器各电压的波形是否符合要求。

1. 实施要求

（1）会手工焊接，能对信号发生器进行焊接安装并检查。

（2）完成电路的调试，达到实现电路输出电压的可调功能和稳压效果。

2. 实施步骤

（1）元器件引脚整形和试插装。

如图 4-15（a）所示，按照元器件检测表清单和 PCB 上的元器件编号，找准各元器件的位置将所有元器件进行试插装［见图 4-15（b）］，并观察元器件总体插装情况是否合理。

（a）元器件引脚整形　　　　　　　　　　　　（b）试插装

图 4-15　元器件引脚整形和试插装

（2）元器件的安装、焊接。

先将 PCB 试插装上的元器件逐个取下，然后依次重新把元器件安装在 PCB 上，如图 4-16 所示。在操作的过程中可先安装电阻、电容、端子等元器件，再安装双向稳压二极管，另外，LM324 的引脚也不能插反。最后检查元器件是否有错焊、漏焊、虚焊、连焊等情况，若存在则必须及时更正。

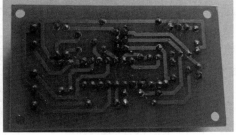

| （a）PCB安装面 | （b）PCB焊接面 |

图 4-16　元器件安装、焊接

（3）电路调试。

电路安装完毕后，接入直流工作电源进行电路调试和测试。

调试步骤如下。

① 准备示波器和万用表等。

② 检测电源供电电路是否正常。接入±12V 直流电源，用万用表测量 LM324 的 4 引脚电压是否为+12V、11 引脚电压是否为-12V，若无±12V 工作电压，则检查直流供电电路是否开路，直至恢复直流供电。

③ 检验电压波形频率是否可调。调节电位器 RP_1，用示波器探测 TP1、TP2 两端，观察输出的矩形波和三角波的频率是否可调，若频率可调，则电路工作正常；若频率不可调，则检查电位器 RP_1、LM324 是否正常，若存在故障则需更换新的元器件。

④ 检测电路输出电压 U_o 的幅度是否可调，调节电位器 RP_2，用示波器测量 LM324 的 1 引脚电压波形的幅度是否可调，若不可调，则检查电位器 RP_2、LM324 及外围元件是否正常。

⑤ 测试信号发生器的输出波形。使用示波器测量电路 TP1、TP2、TP3 端的电压波形是否分别为矩形波、三角波及正弦波，如果输出信号电压的波形明显不符合要求，则必须检查电路元器件的参数或性能并更换新的元器件，直到符合要求为止。

3. 调试作业指导书

电路调试内容及过程可参考表 4-4 和表 4-5，按照参考表进行调试。

表 4-4　调试作业指导书

项　目	操作内容	检查或测试结果	分　析	措　施
检测电源供电电路是否正常	用万用表测量 LM324 的 4 引脚电压是否为 + 12V、11 引脚电压是否为-12V	是	±12V 直流电源接入电路	—
		否	直流供电电路是否开路	用万用表检测直流供电电路是否开路
检测电压波形频率是否可调	调节电位器 RP_1，用示波器探测 TP1、TP2 端的信号频率	是	电路工作正常	—
		否	电位器 RP_1 或 LM324 电路不正常	（1）用万用表电阻挡测量 RP_1 是否正常可调；（2）检查 LM324 及外围元器件

项　目	操 作 内 容	检查或测试结果	分　析	措　施
检测电路输出电压 U_o 的幅度是否可调	用示波器测量电路输出电压 U_o 波形的幅度是否可调	是	电压放大电路正常	—
		否	LM324 组成的电压放大电路存在故障	（1）用万用表电阻挡测量 RP$_1$ 是否正常可调； （2）用万用表测量 LM324 及外围元器件是否正常

表 4-5　信号发生器输出电压波形测试指导书

项　目	操 作 内 容	测 试 结 果	测 试 波 形
矩形波发生电路输出波形	用示波器测量 TP1 端	电压类型：_____。 电压幅值：V_{P-P} = _____。 电压周期：T = _____	
三角波发生电路输出波形	用示波器测量 TP2 端	电压类型：_____。 电压幅值：V_{P-P} = _____。 电压周期：T = _____	
正弦波发生电路输出波形	用示波器测量 TP3 端	电压类型：_____。 电压幅值：V_{P-P} = _____。 电压周期：T = _____	

项目 5　调功电路的安装与调试

微课

认识晶闸管

任务 5-1　认识晶闸管

 学习目标

（1）认识晶闸管的外形。

（2）掌握晶闸管的结构与原理。

（3）掌握晶闸管的主要参数。

 思政目标

通过学习晶闸管的结构、原理与特性，以及在电力电子技术中的应用，让学生在今后学习电力电子电路的工作原理时养成以小控大、弱电控制强电的逻辑思维。培养学生养成主动学习、独立思考的学习态度，树立创新和探索意识。

 工作任务

在了解半导体晶体管知识的基础上，掌握晶闸管的结构、原理及主要参数。

 任务分析

硅晶体闸流管简称晶闸管，它是一种大功率半导体器件，具有体积小、质量轻、耐高压、容量大、效率高、控制灵敏、寿命长、使用和维护方便等优点。同时，它的功率放大倍数高，可用微小的信号功率（几十到二百毫安电流，二三伏电压）对大功率的电源（电流为几百安，电压为几千伏）进行控制和变换，因而晶闸管在电力电子技术领域有广泛应用。通过学习，可以掌握晶闸管的结构、原理及主要参数。

 相关知识

晶闸管又名可控硅，是一种大功率半导体器件。它具有容量大、效率高、控制方便、寿命长等优点，是大功率电能控制和变换的理想器件。晶闸管种类很多，包括普通晶闸管、双向晶闸管、快速晶闸管等。

1. 普通晶闸管

（1）普通晶闸管的外形和结构。

普通晶闸管（SCR）是由 P、N、P、N 4 层半导体材料构成的三端半导体器件，3 个引出端分别为阳极 A、阴极 K 和门极 G。图 5-1 所示为普通晶闸管的外形，图 5-2 所示为晶闸管的结构图和电路符号图。

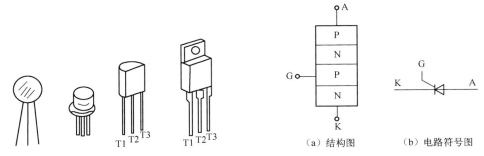

图 5-1　普通晶闸管的外形　　　　　　　　图 5-2　晶闸管的结构图和电路符号图

（2）普通晶闸管的可控单向导电性。

在图 5-3（a）所示的电路中，把晶闸管的阳极 A 接电源负极，阴极 K 接电源正极，称为晶闸管的反向连接。此时，无论门极 G 所加电压是什么极性，晶闸管均处于阻断状态，灯泡不亮。

在图 5-3（b）所示的电路中，把晶闸管的阳极 A 接电源正极，阴极 K 接电源负极，称为晶闸管的正向连接。若门极 G 所加触发电压为负，则晶闸管不导通，灯泡不亮。只有其门极 G 加上适当的正向触发电压时，晶闸管才能由阻断状态变为导通状态。此时，晶闸管阳极 A 与阴极 K 之间呈低阻导通状态，阳极 A 与阴极 K 之间的压降约为 1V。

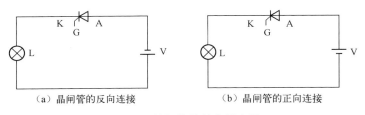

图 5-3　晶闸管的单向导电性

普通晶闸管受触发导通后，其门极 G 即使失去触发电压，只要阳极 A 和阴极 K 之间仍保持正向电压，晶闸管将维持低阻导通状态。只有把阳极 A 的电压撤除或当阳极 A、阴极 K 之间的电压极性发生改变（如交流过零）时，普通晶闸管才由低阻导通状态转换为高阻阻断状态。普通晶闸管一旦阻断，即使其阳极 A 与阴极 K 之间又重新加上正向电压，也仍需要在门极 G 和阴极 K 之间重新加上正向触发电压后方可导通。

由此得出晶闸管导通条件和关断条件如下。

① 导通条件。在晶闸管的阳极 A 加上正向电压，同时在门极 G 加上适当的正向触发电压。两者必须同时具备，缺一不可。

② 关断条件。要使已导通的晶闸管关断，只有改变阳极 A 的电压。在晶闸管的阳极 A 加上反向电压；或者暂时去掉阳极 A 的电压；或者减少主回路电流 I，使 I 降到一定值以下。

普通晶闸管的导通与阻断状态相当于开关的闭合和断开状态，用它可以制成无触点电子开关，去控制直流电源电路。

（3）晶闸管的主要参数。

① 额定正向平均电流 I_F。在环境温度小于 40℃ 和标准散热条件下，允许连续通过晶闸管阳极 A 的工频（50Hz）正弦波半波电流平均值。

② 维持电流 I_H。在门极开路且规定的环境温度下，晶闸管维持导通的最小阳极电流。阳极电流 $I_A < I_H$ 时，晶闸管自动阻断。

③ 门极触发电压 U_G 和电流 I_G。在规定的环境温度及一定的正向电压（$u = 6V$）条件下，晶闸管从关断到完全导通所需的最小门极直流电压和电流。$U_G = 1 \sim 5V$，I_G 为几十到几百毫安。

④ 正向阻断峰值电压 U_{DRM}。门极开路，阳极和阴极间加正向电压，晶闸管处于截止状态，此时允许加到晶闸管上的正向电压最大值称为正向阻断峰值电压。使用时正向电压超过此值，晶闸管即使不加触发电压也能从正向阻断转为导通。

⑤ 反向阻断峰值电压 U_{RRM}。门极开路，阳极和阴极间加反向电压，晶闸管处于截止状态，此时允许加到晶闸管上的反向电压最大值称为反向阻断峰值电压。

2. 双向晶闸管

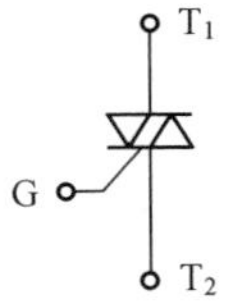

图 5-4 双向晶闸管
的电路符号图

双向晶闸管是由 N、P、N、P、N 5 层半导体材料构成的，相当于两个普通晶闸管反向并联。它也有 3 个电极，分别是主电极 T_1、主电极 T_2 和门极 G。图 5-4 所示为双向晶闸管的电路符号图。

双向晶闸管可以双向导通，即门极加上正或负的触发电压，均能触发双向晶闸管正、反两个方向导通。具体情况如下。

双向晶闸管的主电极 T_1 与主电极 T_2 之间，无论所加电压极性是正向还是反向，只要门极 G 和主电极 T_1（或 T_2）之间加有正、负极性不同的触发电压，满足其必需的触发电流，晶闸管即可触发导通呈低阻状态。此时，主电极 T_1、T_2 之间的压降约为 1V。而且双向晶闸管一旦导通，即使失去触发电压，也能继续维持导通状态。只有当主电极 T_1、T_2 的电流减小至维持电流以下，或者 T_1、T_2 之间的电压改变正、负极性且无触发电压时，双向晶闸管才被阻断。若要双向晶闸管再次导通，则只有重新施加触发电压才能进行。

 任务实施

认识晶闸管的外形、掌握其内部结构和工作原理，熟悉其主要参数。

 任务训练

1. 课前预习（判断题）

（1）只要晶闸管的阳极电流小于维持电流，晶闸管就关断。（　　　）

（2）晶闸管的导通状态是依靠晶闸管的负反馈作用维持的。（　　　）

（3）晶闸管导通后控制极就无控制作用。（　　　）

（4）晶闸管对控制极电流有放大作用。（　　　）

（5）晶闸管阳极电流受控制极电流控制。（　　　）

（6）晶闸管处于阻断状态时，只要在控制极加触发脉冲就会导通。（　　　）

（7）晶闸管的额定电压是正向阻断峰值电压和反向阻断峰值电压的差。（　　　）

（8）晶闸管的阳极和阴极之间无论加正向电压还是反向电压，只要控制极加正向控制电压，晶闸管均导通。（　　　）

2. 基本训练

（1）普通晶闸管由（　　　）层杂质半导体组成。

A. 1　　　　　　　　B. 2　　　　　　　　C. 3　　　　　　　　D. 4

（2）晶闸管外部的电极有（　　　）个。

A. 1　　　　　　　　B. 2　　　　　　　　C. 3　　　　　　　　D. 4

（3）单向晶闸管内部由（　　　）个 PN 结组成。

A. 1　　　　　　　　B. 2　　　　　　　　C. 3　　　　　　　　D. 4

（4）普通晶闸管由中间 P 层引出的电极是（　　　）。

A. 阳极　　　　　　B. 阴极　　　　　　C. 门极　　　　　　D. 不确定

（5）晶闸管具有（　　　）。

A. 单向导电性　　　B. 可控的单向导电性　　　C. 电流放大作用　　　D. 电压放大作用

（6）晶闸管导通后，通过晶闸管的电流和（　　　）有关。

A. 触发电压　　　　B. 晶闸管阳极电压　　　C. 电路的负载　　　D. 晶闸管本身

（7）晶闸管的导通条件是（　　　）。

A. 阳极加正向电压　　　　　　　　　　　B. 栅极加正向电压

C. 阳极和栅极加正向电压　　　　　　　　D. 阳极和控制极加正向电压

（8）要使普通晶闸管由导通变为截止需要（　　　）。

A. 升高阳极电压　　　　　　　　　　　　B. 降低阴极电压

C. 断开门极电压　　　　　　　　　　　　D. 使正向电流小于最小维持电流

3. 能力训练

在图 5-5 所示的晶闸管电路中，输入电压 u_i 为正弦波，分别画出开关 S 在 t_1 时刻闭合、t_2 时刻断开时负载电压 u_L 的波形。

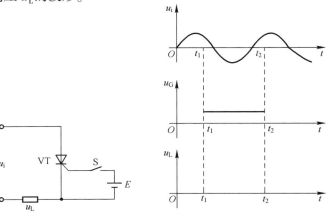

图 5-5　能力训练题图

任务5-2 剖析调功电路

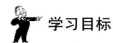学习目标

（1）掌握单相可控整流电路的结构。
（2）掌握单结晶体管的结构、符号、特点及作用。
（3）掌握单结晶体管触发电路的组成、工作原理和工作点波形的形成。
（4）掌握单相可控整流电路的工作原理，会绘制不同控制角下的输出电压、电流波形，会计算输出电压、电流的值，会选择晶闸管与整流二极管。

思政目标

晶闸管构成的调功电路可以实现调光、调速等功能，在生活和生产中应用广泛。激发学生主动学习的兴趣和培养学生自学能力，让学生学以致用，对于生活中常见的调光和调速电路能进行安装与维护。

子任务5-2-1 晶闸管可控整流电路

工作任务

学习掌握单相可控整流电路的组成、整流工作原理和电压控制原理，计算输出电压、电流的值，绘制不同控制角下输出电压、电流的波形。

任务分析

晶闸管可控整流电路可把有效值不变的交流电变换成大小可调的直流电。它广泛应用于工业生产中，例如，为直流电动机的调速、电解、电镀等提供可调的直流电源。图5-6所示为常见大功率晶闸管实物图。

晶闸管可控整流电路通常由主电路和控制电路（触发电路）两部分组成。其框图如图5-7所示。主电路主要是将交流电转换成可变的直流电，其内部核心元件为晶闸管。而控制电路主要为晶闸管导通提供触发脉冲。

图5-6 常见大功率晶闸管实物图

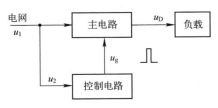

图5-7 晶闸管可控整流电路框图

相关知识

1. 单相半波可控整流电路

将单相半波整流电路中的二极管换成晶闸管，即构成图 5-8（a）所示的单相半波可控整流电路。其中晶闸管 VT 和电阻 R_L 组成了主电路。VT 的控制极的触发脉冲由控制电路提供。

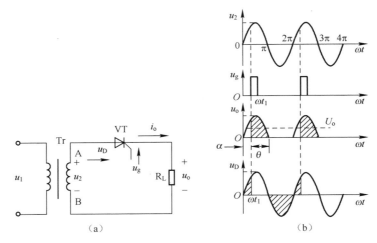

图 5-8　单相半波可控整流电路

（1）整流工作原理。

由图 5-8（a）可见：变压器 Tr 二次侧电压 u_2，经负载电阻 R_L 加在晶闸管阳极 A 与阴极 B 两端。

在 u_2 的正半周（A 端为正、B 端为负）：在 $0 \sim \omega t_1$ 期间，虽然晶闸管加上了正向电压，但因未加触发脉冲，晶闸管无法导通，处于正向阻断状态。此时 R_L 中没有电流流过，负载两端输出电压 u_o 为零，电源电压全部加在晶闸管两端，$u_D = u_2$。

在 ωt_1 时刻，门极加上了触发脉冲 u_g，晶闸管被触发导通，此时电源电压全部降在负载两端，输出电压 $u_o = u_2$。若忽略管压降（$u_D = 0$），则流过负载的电流为 $i_o = u_o / R_L$，i_o 的波形与 u_o 的波形相似。

在 $\omega t = \pi$ 时刻，交流输入电压 u_2 过零，使流过晶闸管的电流降为零，晶闸管被关断，致使 $i_o = 0$、$u_D = u_2$。

在 u_2 的负半周（A 端为负、B 端为正）：晶闸管承受反向电压，处于反向阻断状态，$u_D = u_2$ 使输出电压 $u_o = u_2$，直至下一个周期。

重复上述过程，这样就把输入的交流电 u_2 转换成脉动直流电 u_o。波形如图 5-8（b）所示，其中 u_2 为输入电压波形，u_g 为门极触发脉冲电压波形，u_o 为输出电压波形，u_D 为晶闸管两端的电压波形。

（2）电压控制原理。

在图 5-8（b）中，α 为控制角，θ 为导通角（$\theta = \pi - \alpha$）。改变脉冲出现的时刻，即改变控制角 α 的大小，从而改变了输出电压的大小，达到可控整流的目的。输出电压平均值

U_o 为

$$U_o = 0.45U_2 \frac{1+\cos\alpha}{2} \qquad (5-1)$$

从式（5-1）中可知：当 $\alpha=0$ 时，$U_o=0.45U_2$；当 $\alpha=\pi$ 时，$U_o=0$。故输出电压平均值 U_o 的调节范围为 $(0\sim0.45)U_2$。输出电流平均值 I_o 为

$$I_o = \frac{U_o}{R_L} \qquad (5-2)$$

2. 单相半控桥式整流电路

将单相桥式整流电路中的两个二极管换成晶闸管，即构成图 5-9（a）所示的单相半控桥式整流电路。其中晶闸管 VT_1、VT_2 的阴极连在一起，只有承受正向阳极电压的晶闸管才能触发导通，触发脉冲同时送给 VT_1、VT_2 的门极；整流二极管 VD_3、VD_4 的阳极连在一起，总是在阴极电位低时晶闸管才导通。该电路的触发电路较简单，广泛应用于中小容量可控整流装置中。

（1）整流工作原理。

在 u_2 的正半周（A 端为正、B 端为负）：晶闸管 VT_1 的阳极电位最高，有可能导通（还取决于是否触发），VT_2 截止；二极管 VD_3 截止、VD_4 导通。在 $0\sim\omega t_1$ 期间，由于未加触发脉冲，VT_1 处于正向阻断状态，VT_2 处于反向阻断状态，电路无电压输出，$u_o=0$。

在 ωt_1 时刻，晶闸管 VT_1 的门极加上了触发脉冲 u_g，晶闸管 VT_1 被触发导通，输出电流的路径：$A\to VT_1\to R_L\to VD_4\to B$，电流 i_o 自上而下流过负载 R_L，产生有缺损的正弦波输出电压 u_o，如图 5-9（b）所示。

在 $\omega t=\pi$ 时刻，交流输入电压 u_2 过零，使流过晶闸管 VT_1 的电流降为零，晶闸管 VT_1 被关断，致使 $i_o=0$，电路无电压输出，$u_o=0$。

在 u_2 的负半周（A 端为负、B 端为正）：在 $\pi\sim\omega t_2$ 期间，晶闸管 VT_2 的阳极电位最高，有可能导通（还取决于是否触发），VT_1 截止；二极管 VD_4 截止、VD_3 导通。在此期间，由于 VT_2 未加触发脉冲，VT_2 处于正向阻断状态，VT_1 处于反向阻断状态，电路无电压输出，$u_o=0$。

在 ωt_2 时刻，晶闸管 VT_2 的门极加上了触发脉冲 u_g，晶闸管被触发导通，输出电流的路径是 $B\to VT_2\to R_L\to VD_3\to A$。电流 i_o 自上而下流过负载 R_L，产生有缺损的正弦波输出电压 u_o，如图 5-9（b）所示。

在 $\omega t=2\pi$ 时刻，交流输入电压 u_2 过零，使流过晶闸管 VT_2 的电流降为零，晶闸管 VT_2 被关断，致使 $i_o=0$，电路无电压输出，$u_o=0$。

由此可见，一个周期内 VT_1、VD_4 和 VT_2、VD_3 轮流导通使负载上得到两个缺损的半波电压，即全波电压，波形图如图 5-9（b）所示。

（2）电压控制原理。

由于是全波可控整流，所以输出电压的平均值是单相可控整流电路输出电压平均值的 2 倍，即

$$U_o = 0.9U_2 \frac{1+\cos\alpha}{2} \qquad (5-3)$$

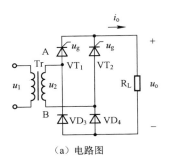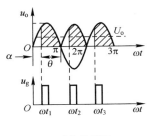

（a）电路图   （b）波形图

图 5-9　单相半控桥式整流电路及波形

从式（5-3）可知，当 $\alpha = 0$ 时，$U_{o} = 0.9U_{2}$；当 $\alpha = \pi$ 时，$U_{o} = 0$。故输出电压 U_{o} 的调节范围为 $(0 \sim 0.9)U_{2}$。输出电流平均值 I_{o} 为

$$I_{o} = \frac{U_{o}}{R_{L}}$$

 任务实施

理解单相可控整流电路的组成和工作原理，计算输出电压、电流的值，绘制不同控制角下输出电压、电流的波形。

 任务训练

1. 课前预习（判断题）

（1）在可控整流电路中，其控制角越小，导通角就越大。（　　　）

（2）单相半波整流电路中，控制角越大，负载上得到的直流电压平均值也越大。（　　　）

（3）半控桥式整流电路即半波整流电路。（　　　）

（4）在电阻性负载单相半控桥式整流电路中，当控制角大于 90° 时，晶闸管承受的最高反向电压小于 $\sqrt{2}U_{2}$。（　　　）

（5）在电阻性负载单相半控桥式整流电路中，当控制角等于 180° 时，输出直流电压的平均值 $U_{L} = 0.9U_{2}$。（　　　）

（6）在单相半控桥式整流电路中，晶闸管和整流二极管承受的最大反向电压均为 $\sqrt{2}U_{2}$。（　　　）

2. 基本训练（选择题）

（1）在单相半控桥式整流电路中，要使负载上的平均电压提高，可采取的方法是（　　　）。

A. 增大控制角　　　　　　B. 增大导通角　　　　　　C. 增大触发电压

（2）晶闸管控制角和导通角的关系是（　　　）。

A. $\alpha = 90° + \theta$　　　　B. $\alpha = 180° - \theta$　　　　C. $\alpha = 360° - \theta$

（3）用交流电网 220V 电压直接整流，晶闸管额定电压应选用（　　　）。

A. 700V　　　　　B. 400V　　　　　C. 311V　　　　　D. 220V

（4）晶闸管整流电路输出电压的改变是通过（　　　）实现的。

A. 调节控制角　　　　　　　　　　B. 调节触发电压大小

C. 调节阳极电压大小　　　　　　　　　　　　　　D. 调节触发电流大小

（5）在电阻性负载单相半波整流电路中，输入电压 $U_i = 220V$，输出电压 $U_o = 50V$，则其控制角为（　　）

A. 45°　　　　　　　　B. 90°　　　　　　　　C. 120°　　　　　　　　D. 50°

（6）在单相半波可控整流电路中，若变压器二次侧电压为20V，则晶闸管实际承受的最高反向电压为（　　）V。

A. 20　　　　　　　　B. $20\sqrt{2}$　　　　　　　　C. 18　　　　　　　　D. 9

3. 能力训练

（1）在图5-10所示的单相半波可控整流电路中，已知 $U_2 = 110V$、$R_L = 100\Omega$，$\alpha = 60°$，试计算导通角及输出电压、电流的平均值。

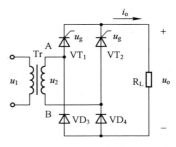

图5-10　能力训练题（1）图

（2）一单相半波可控整流电路，需要直流电压148.5V，现直接由220V交流电网供电，试求晶闸管的控制角和导通角。

（3）一单相半波可控整流电路，要求直流输出电压 u_o 在40～90V的范围内可调，试求输入交流电压和控制角的变化范围。

子任务 5-2-2　单结晶体管触发电路

 工作任务

学习掌握单结晶体管的结构、特点及作用，熟悉单结晶体管触发电路的组成及工作原理，各工作点波形的形成及电路的特点。

 任务分析

要使晶闸管导通，除了要加上正向电压，还要在它的门极加上触发脉冲，这就需要一个能同步产生触发脉冲的电路。单结晶体管触发电路可以与主电路同步产生触发脉冲，并能平稳移相且有足够的移相范围、足够的幅值和脉宽等。通过学习，可以了解单结晶体管的工作特性及作用，理解由单结晶体管构成的触发电路的工作原理和触发脉冲波形的形成。

 相关知识

1. 晶闸管对触发电路的基本要求

在晶闸管构成的可控整流电路中，整流桥路部分称为主电路，它起着把交流电变换成直流电的作用。

晶闸管由阻断变为导通，除了要加正向电压，还必须在控制极与阴极之间加正向触发信号，提供这种触发信号的电路称为触发电路，也称为辅助电路。根据晶闸管的性能和主电路的实际需要，对触发电路的基本要求如下。

（1）能供给足够的触发功率（不但有一定幅度的电压，而且有一定幅度的电流），以便有效地使晶闸管由阻断转变为导通。

（2）触发脉冲必须与主电路的交流电源波形同步，以保证主电路中的晶闸管在每个周期的导通角相等。

（3）触发脉冲能在一定范围内平稳地前后移动，即有一定的移相范围，以便调节输出电压的大小。

此外，为了使触发时间准确，要求触发脉冲的上升沿要陡，最好在 $10\mu s$ 以下。触发脉冲要有足够的宽度，它应大于晶闸管的开通时间 t_{on}（$6\mu s$），最好是 $20\sim50\mu s$。对于电感性负载，触发脉冲的宽度还应增大，否则，在触发脉冲消失后，主电路电流还上升不到擎住电流，晶闸管就不能导通。不触发时，触发电路的输出电压应小于 $0.15\sim0.2V$。为了提高电路的抗干扰能力，避免出现误触发，必要时可在晶闸管的控制极上加 $1\sim2V$ 的负电压。

触发电路的形式很多，这里仅介绍单结晶体管触发电路。

2. 单结晶体管的结构及伏安特性

（1）单结晶体管的结构。

单结晶体管又称双基极晶体管，它有 3 个电极，但在结构上只有一个 PN 结。它在一块低掺杂（高电阻率）的 N 型硅基片一侧的两端各引出一个欧姆接触的电极，分别称第一基极 b_1 和第二基极 b_2，如图 5-11（a）所示。而在硅片的另一侧较靠近 b_2 处，用合金或扩散法掺入 P 型杂质，形成 PN 结，引出电极，称为发射极 e。图 5-11（b）所示为单结晶体管电路符号图。

存在于两个基极 b_1 和 b_2 之间的电阻是硅片本身的电阻，称为体电阻，其阻值在 $2\sim15k\Omega$，具有正温度系数。两基极间的电阻 $R_{bb}=R_{b1}+R_{b2}$，单结晶体管的等效电路如图 5-11（c）所示，其引脚排列图如图 5-11（d）所示。

（2）单结晶体管的伏安特性。

单结晶体管的伏安特性是指它的发射极特性，也就是在基极 b_2 和 b_1 之间加一恒定正电压 U_B 时，发射极电流 I_E 与电压 U_E 之间的关系，如图 5-12（a）所示。

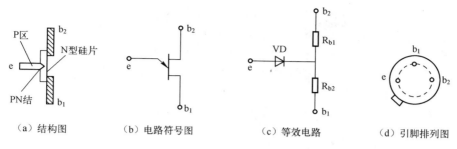

（a）结构图　　　　（b）电路符号图　　　　（c）等效电路　　　　（d）引脚排列图

图 5-11　单结晶体管结构图

从图 5-12（b）可以看出，当发射极不加电压时：

$$U_A = \frac{R_{b2}}{R_{b1}+R_{b2}}U_B = \eta U_B \tag{5-4}$$

式中，η 称为分压比，又称为分压系数。η 与单结晶体管的结构有关，一般为 0.3~0.9，是单结晶体管的一个主要参数。

调节电源 U_{EE} 使 U_E 由零开始逐渐增加，在 $U_E < U_A$ 时，PN 结（二极管 VD）承受反向偏压而截止，仅有很小的反向电流，单结晶体管处于截止区。当 $U_E = U_D + U_A$ 时，PN 结承受正向电压而导通，这时 R_{b1} 迅速减小，U_E 随之下降，I_E 明显增加，单结晶体管呈现负阻特性，负阻区对应曲线的 PV 段。P 点为电压最高点，称为峰点；V 点为电压最低点，称为谷点。过了 V 点以后，I_E 继续增大，U_E 略有上升，但变化不大，此时单结晶体管进入饱和状态。当 U_E 下降至 $U_E < U_V$ 时，单结晶体管恢复截止状态。

综上所述，峰点电压 U_P 是单结晶体管由截止转为导通的临界点电压。$U_P = U_D + U_A \approx U_A = \eta U_B$。所以，$U_P$ 由分压比 η 和电源电压 U_B 决定。谷点电压 U_V 是单结晶体管由导通转为截止的临界点电压。一般 U_V 为 2~5V。

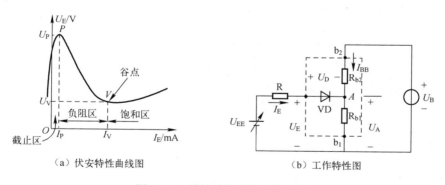

（a）伏安特性曲线图　　　　（b）工作特性图

图 5-12　单结晶体管伏安特性图

3. 单结晶体管振荡器

利用单结晶体管的负阻特性和 RC 电路的充放电特性，可以组成频率可调的振荡电路，如图 5-13（a）所示，该电路可用来产生晶闸管触发脉冲。其工作原理如下。

当接通电源 U 后，单结晶体管的 b_2 经电阻 R_1 与 U 的正极相连，b_1 经电阻 R_2 与地相连。

同时 U 通过电阻 R、电位器 R_p 对电容 C 进行充电（设电容 C 上的初始电压 $u_{C(0)} = 0$），那么电容两端电压 $u_{C(t)}$ 随时间按指数规律增大，充电时间常数 $\tau = RC$。当 $u_{C(t)}$ 升高至单结晶体管的峰点电压 U_p 时，单结晶体管导通，R_{b1} 急剧减小，$u_{C(t)}$ 通过 R_{b1} 及 R_2 迅速放电，在 R_2 上形成脉冲电压 u_C。当 u_C 下降至单结晶体管的谷点电压 U_V 时，单结晶体管截止，电容 C 又开始充电。重复上述过程，电容 C 不断地充、放电，单结晶体管不断地导通、截止，形成弛张振荡。这样在电阻 R_2 上得到一系列前沿很陡的尖脉冲，如图 5-13（b）所示。

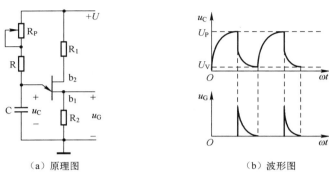

（a）原理图　　　　　　　　　　　　　（b）波形图

图 5-13　单结晶体管振荡器

4. 单结晶体管同步触发电路

（1）同步触发电路。

在可控整流电路中，要求触发电路产生触发脉冲加到晶闸管上，而且必须与主电路的交流电源电压同步。图 5-14 所示为单结晶体管同步触发电路。同步变压器的一次绕组与晶闸管主电路接在同一交流电源上，以实现触发脉冲与主电路同步。变压器二次侧电压 u_2，经桥式电路整流后得到全波电压 u_{o1}，再经过由 VD_z 与 R_3 组成的削波电路转换为梯形波 u_z 作为触发电路的同步电源。触发电路的工作情况如下。

当电源电压 u_1 过零时，u_z 也过零，使单结晶体管的基极电压 $U_B = 0$，$U_p \approx 0$，如果这时电容 C 两端的电压 u_C 不为零，就会通过单结晶体管的 e、b_1 对 R_2 放电，使 u_C 迅速下降至零，使得电容 C 在电源每次过零后都从零开始重新充电，只要 R 与 C 的值不变，则每半周期由过零点到产生第一个脉冲的时间间隔是固定的。虽然在每半周期内会产生多个脉冲，但只有第一个脉冲起到触发晶闸管的作用，一旦晶闸管被触发导通，后面的脉冲就不再起作用。触发电路与主电路同步时的波形如图 5-15 所示。

（2）触发脉冲的移相。

晶闸管的导通时刻只取决于阳极电压为正半周时加到控制极上第一个触发脉冲的时刻。如果电容 C 充电越快（充电时间常数 $\tau = RC$ 越小），则第一个脉冲到来的时间就越提前，晶闸管的控制角 α 越小（导通角 $\theta = \pi - \alpha$ 越大），整流输出电压的平均值 U_L 就越高。在实际电路中采用改变充电回路电位器 R_p 阻值的方法来调节充电电路的时间常数，实现改变控制角 α 的大小，达到触发脉冲移相的目的，如图 5-16 所示。

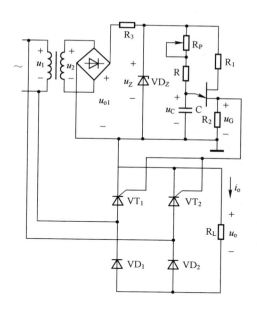

图 5-14　单结晶体管同步触发电路

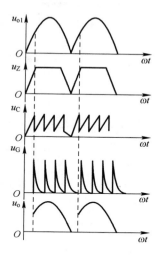

图 5-15　触发电路与主电路同步时的波形

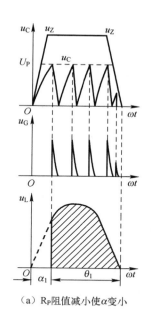

（a）R_P阻值减小使α变小　　　　（b）R_P阻值增大使α变大

图 5-16　改变电阻 R_P 阻值来改变控制角 α

 任务实施

　　分析单结晶体管的结构、特点及作用，理解单结晶体管触发电路的组成及工作原理，绘制触发电路各工作点的波形。

 任务训练

1. 课前预习（判断题）

（1）单结晶体管触发电路是利用单结晶体管的负阻特性和 RC 电路的充放电特性，组成振荡器来产生触发脉冲的。（　　）

（2）单结晶体管同步触发电路是指触发脉冲与主电源电压波形同步。（　　）

（3）单结晶体管触发电路输出脉冲电压的幅值，取决于直流电源电压和单结晶体管的分压比 η。（　　）

（4）单结晶体管具有单向导电性。（　　）

（5）可控整流电路中单结晶体管振荡触发电路和主电路都采用同一交流电源变压器，其主要是为了同步。（　　）

（6）改变单结晶体管振荡器中充电回路时间常数，可改变输出脉冲频率。（　　）

（7）可控桥式整流电路只有采用同步触发电路，它才能输出可调直流电压。（　　）

2. 基本训练（选择题）

（1）单结晶体管触发电路输出脉冲的幅值取决于（　　）。

A. 直流电源电压和单结晶体管的分压比

B. 单结晶体管振荡器中充电回路的时间常数

C. 单结晶体管的 U_V 和 I_V

（2）单结晶体管的发射极电压高于（　　）电压就导通。

A. 额定　　　　　　　　B. 峰点　　　　　　　　C. 谷点　　　　　　　　D. 安全

（3）单结晶体管触发电路输出脉冲的频率取决于（　　）。

A. 振荡器中充电回路的时间常数　　　　　　　　B. 单结晶体管的分压比

C. 直流电源电压

（4）在单结晶体管振荡器中，单结晶体管工作在（　　）。

A. 截止区和饱和区　　　B. 截止区或饱和区　　　C. 负阻区

（5）在单结晶体管用于可控整流电路中，其作用是组成（　　）。

A. 整流电路　　　　　　B. 放大电路　　　　　　C. 控制电路

（6）在单结晶体管触发电路中，调小电位器的阻值会使晶闸管导通角（　　）。

A. 增大　　　　　　　　B. 减小　　　　　　　　C. 不变　　　　　　　　D. 随机变化

3. 能力训练

（1）可控整流电路为什么要求触发脉冲与主电源同步？应如何实现同步？

（2）图 5-17 所示的单结晶体管振荡器，试画出 u_E 和 u_o 的波形，并说明 R_P 的作用。

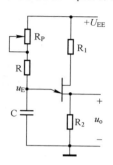

图 5-17 能力训练题（2）图

实训 9 单结晶体管触发电路的测试

实施要求

（1）进一步理解可控整流及同步触发的原理。
（2）进一步理解单结晶体管触发电路的工作原理。
（3）学会用示波器测试单结晶体管触发电路。

实施器材

（1）万用表 1 块。
（2）示波器 1 台。
（3）电子电工实验台。

实施内容及步骤

（1）在电子电工实验台上按照图 5-18 连接电路。

（2）按电路仔细检查元件及连线，正确无误并得到指导老师同意后方可接通电源。注意安全。

（3）将开关 S1 断开、S2 闭合。观察单结晶体管触发电路用平滑直流供电时的工作情况。用示波器观察 A、B、C、D 各点的波形，并将观察到的波形在表 5-1 中绘出；调节电位器 R_P，观察波形相应变化的情况，将测试结果填入表 5-1 中。

（4）将开关 S1 和 S2 都断开，观察单结晶体管触发电路用梯形电压供电时的工作情况。用示波器观察 A、B、C、D 各点的波形，将观察到的波形在表 5-1 中绘出；调节电位器 R_P，观察波形相应变化的情况，将测试结果填入表 5-1 中。

（5）将开关 S1 闭合，S2 断开。观察可控整流及同步触发电路的工作情况。调节电位器 R_P，观察灯泡亮度变化，以及 A、C 两点的波形，将观察到的波形在表 5-1 中绘出。

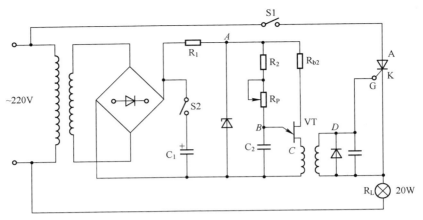

图 5-18 单结晶体管触发电路

《单结晶体管触发电路的测试》实训报告

班级_____ 姓名_____ 学号_____ 成绩_____

一、根据实训内容填写表 5-1

表 5-1 单结晶体管触发电路记录表

电路操作状态		A 点波形（实测）	B 点波形（实测）	C 点波形（实测）	D 点波形（实测）
S1 断开、S2 闭合	不调节电位器 R_P				
	调节电位器 R_P				
S1 和 S2 都断开	不调节电位器 R_P				
	调节电位器 R_P				
S1 闭合，S2 断开	不调节电位器 R_P				
	调节电位器 R_P				

二、根据实训内容完成下列简答题

1. S1 和 S2 都断开时，根据观察到的波形分析触发脉冲和梯形电压的关系。

2. 在本次实训中，试简述可控整流电路和触发电路的工作过程。

任务 5-3　应用实践

学习目标

（1）进一步理解调功电路的工作原理，掌握元器件的选择方法。
（2）能看懂调功电路原理图和 PCB 图。
（3）会使用万用表等工具检测调功电路元器件的质量好坏。
（4）学会电路元器件的安装，能够正确装配焊接电路。
（5）能调试调功电路。

思政目标

通过对实际调功电路的分析、元器件的检测和实物电路的安装与调试，能对生活中常见的调光、调速等调功电路进行安装与维护，培养学生求真务实、实践创新、精益求精的工匠精神，成为有时代担当的技术型人才。

子任务 5-3-1　熟悉调功电路

工作任务

进一步熟悉晶闸管电路、单结晶体管触发电路的结构和工作原理，对整体调功电路进行分解，并指出桥式整流电路、晶闸管电路、脉冲触发电路和削波电路各部分的元器件组成，识别各元器件在电路中的符号、文字标识和作用。

任务分析

调功电路由桥式整流电路、晶闸管电路、脉冲触发电路和削波电路组成，其可控整流电路的核心器件是晶闸管，脉冲触发电路的核心器件是单结晶体管，目的是调节电路的输出功率，也使输出电压在一定范围内可调。

1. 实施要求

熟悉调功电路的结构组成，能识别晶闸管、单结晶体管等元器件在电路中的符号和文字标识，掌握并理解各元器件在电路中的作用。

2. 实施步骤

（1）熟悉调功电路原理图的组成。

调功电路原理图如图 5-19 所示。

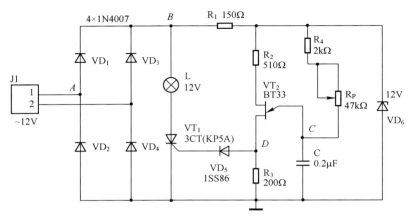

图 5-19　调功电路原理图

（2）熟悉各部分电路组成及元器件的作用。

本电路是以 3CT（KP5A）晶闸管、BT33 单结晶体管为核心器件所构成的调功电路，它由桥式整流电路、晶闸管电路、削波电路和脉冲触发电路组成。对照图 5-19，分析其电路结构组成及各元器件的作用，并填入表 5-2 中。

表 5-2　调功电路的结构组成及各元器件的作用

序　号	电路结构组成	电路元器件组成	元器件的作用
1	桥式整流电路		
2	晶闸管电路		
3	削波电路		
4	脉冲触发电路		

子任务 5-3-2　检测调功电路元器件

 工作任务

熟悉 3CT（KP5A）晶闸管、BT33 单结晶体管的封装形式及其引脚的排列，并掌握其主要性能参数；会使用万用表检测调功电路元器件的性能好坏。

 **任务分析**

3CT（KP5A）晶闸管、BT33 单结晶体管是调功电路的关键器件，其工作性能决定着调

· 162 ·

功范围和电路工作性能；会使用万用表检测电路元器件是正确安装、调试电路的基础。

1. 实施要求

能识别调功电路中各元器件实物，学会使用万用表检测其质量好坏，能判断相关元器件的引脚名称。填写元器件检测表，掌握 3CT（KP5A）晶闸管、BT33 单结晶体管主要性能参数。

2. 实施步骤

（1）首先根据电路元器件清单清点、整理元器件，并分类放置好。

（2）然后逐一进行检测，并将检测结果填入表 5-3 所示的元器件检测表中。

表 5-3　调功电路元器件识别与检测表

序　号	标　号	名　称	参　数	数　量	检测结果
1	$VD_1 \sim VD_4$	二极管	1N4007	4	
2	VD_5	二极管	1SS86	1	
3	VD_6	稳压二极管	12V	1	
4	C	电容	$0.2\mu F$	1	
5	R_1	电阻	150Ω	1	
6	R_2	电阻	510Ω	1	
7	R_3	电阻	200Ω	1	
8	R_4	电阻	$2k\Omega$	1	
9	R_P	电位器	$47k\Omega$	1	
10	VT_1	晶闸管	3CT（KP5A）	1	
11	VT_2	单结晶体管	BT33	1	
12	L	灯泡（含灯座）	12V	1	

（3）3CT（KP5A）晶闸管、BT33 单结晶体管简介。

3CT（KP5A）晶闸管是一种常用的型号，具有以下一系列特定的参数。

① 最大正向电压（VRRM）为 800V。

② 最大反向电压（VRSM）为 800V。

③ 额定电流（ITAV）为 5A。

④ 最大触发电流（ITM）为 10mA。

⑤ 最大保持电流（IH）为 10mA。

⑥ 最大耐压（VDRM）为 800V。

BT33 单结晶体管是构成脉冲触发电路的关键器件，其主要参数如下。

① 分压比（η）：0.45~0.75。

② 基极间电阻（R_{BB}）：5~10kΩ。

③ e 对 b1 间的反向电压：≥60V。

④ 反向电流：≤1μA。

⑤ 峰值电流：≤2μA。

⑥ 饱和压降：≤5V。

⑦ 调制电流：9~40mA。

⑧ 耗散功率：500mW。

图 5-20 所示为 3CT（KP5A）晶闸管、BT33 单结晶体管的外形图。

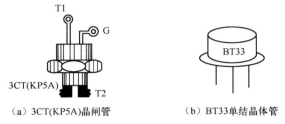

（a）3CT(KP5A)晶闸管　　　　　（b）BT33单结晶体管

图 5-20　3CT（KP5A）晶闸管、BT33 单结晶体管的外形图

子任务 5-3-3　安装、调试调功电路

 工作任务

根据调功电路原理图和 PCB 图，采用规范的安装程序对调功电路元器件的引脚进行整形、插装和焊接，对整机电路进行装配；用万用表和示波器对调功电路各点的电压值和波形进行测试，调节电路相关元器件参数对电路进行调试。

 任务分析

准确无误地安装电路是保证调功电路正常工作的前提，电路安装前必须对元器件的引脚进行必要的整形。根据 PCB 的实际要求，合理选择元器件安装的位置，按照规范的安装工作要求对元器件进行焊接。电路安装完毕后，使用万用表和示波器对电路进行调试，检验电路是否能输出可调电压，测试信号调功电路各电压的波形是否符合要求。

1. 实施要求

学会元器件引脚的整形与插装，熟练掌握手工焊接技能，能对调功电路进行安装、焊接并检查。

2. 实施步骤

（1）元器件引脚整形和试插装。

在安装前必须对元器件的引脚进行必要整形。本任务必须对整流二极管、电阻和电容元器件进行整形，如图 5-21（a）所示。按照元器件检测表清单和 PCB 上的元器件编号，找准各元器件的位置，将所有元器件进行试插装［见图 5-21（b）］，并观察元器件总体插装情况是否合理。

（2）元器件的安装、焊接。

先将 PCB 试插装上的元器件逐个取下，然后依次重新把元器件安装在 PCB 上，如

图 5-22 所示。在操作的过程中可先安装电阻、电容、二极管等元器件，再安装单结晶体管和晶闸管，另外，单结晶体管三个引脚必须对号插入，晶闸管的控制极 G 和阴极 K 不能接反。最后检查元器件是否有错焊、漏焊、虚焊、连焊等情况，若存在则必须及时更正。

（a）元器件引脚整形

（b）试插装

图 5-21　元器件引脚整形和试插装

（a）PCB安装面

（b）PCB焊接面

图 5-22　元器件安装、焊接

（3）电路调试。

电路安装、焊接后，需要进行调试，检验电路是否能达到预定的功能。调试步骤如下。

① 准备示波器和万用表等。

② 检测电源供电电路是否工作正常。接入交流电源，用万用表测量 J1 接线端子两端是否为交流 12V 工作电压，若无交流 12V 工作电压，则检查交流供电电路是否开路，直至恢复交流供电。

③ 检测直流供电电路是否工作正常。断开灯泡 L，用万用表直流电压挡测量桥式整流输出的电压为 14V 左右，若无直流工作电压输出，则检查 4 个整流二极管 $VD_1 \sim VD_4$ 是否正常，直至恢复直流供电。

④ 测试晶闸管调功电路的关键点电压波形。使用示波器测量电路 A 点、B 点、C 点、D 点的电压波形是否分别为正弦波、脉冲波、锯齿波及尖顶波。如果输出信号电压的波形明显不符合要求，则必须检查电路元器件的参数或性能并更换新的元器件，直至符合要求。

⑤ 检测脉冲触发电路输出的触发脉冲是否能移相。调节电位器 R_P，用示波器探测脉冲触发电路 D 点电压波形，观察脉冲触发电路输出的尖脉冲是否能移相，若能移相，则电路工作正常；若不能移相，则检查电位器 R_P、BT33 单结晶体管和电容 C 是否正常，若存在故障则需更换新的元器件。

⑥ 检测晶闸管电路输出电压是否可调，调节电位器 R_P，用万用表测量灯泡 L 两端的电压是否可调，若不可调，则检查电位器 R_P、晶闸管 VT_1 和二极管 VD_5 是否正常，若存在故障则需更换新的元器件。

3. 调试作业指导书

电路调试内容及过程可参考表 5-4 和表 5-5，按照参考表进行调试。

表 5-4　调试作业指导书

项　目	操 作 内 容	检查或测试结果	分　析	措　施
交流 12V 电压是否接入电路	用万用表交流电压挡测量接线端子 J1 两端电压是否为交流 12V	是	交流 220V 接入电路	—
		否	交流电源线、降压变压器存在故障	用万用表检测电源线是否断路、变压器线圈是否开路
检查桥式整流电路	用万用表直流电压挡测量 B 点对地电压	正常约 14.4V	桥式整流电路基本正常	—
		不正常	桥式整流电路存在故障	（1）检查桥式整流电路连接是否正常并排除故障。（2）用万用表测量整流二极管是否正常并排除故障
检验触发脉冲移相功能	调节 R_P，同时用示波器探测脉冲触发电路 D 点电压波形	可移相	稳压电路基本正常	—
		不可移相	BT33 脉冲触发电路存在故障	（1）检查脉冲触发电路连接是否正常并排除故障。（2）用万用表测量 BT33、电位器 R_P 及电容 C 是否正常并排除故障
晶闸管电路输出电压是否可调	调节 R_P，用万用表测量灯泡 L 两端的电压是否可调	可调	晶闸管电路基本正常	—
		不可调	晶闸管 3CT 电路存在故障	用万用表检测晶闸管 3CT 和二极管 VD_5 是否正常

表 5-5　电路电压测试指导书

项　目	操 作 内 容	测 试 结 果	测 试 波 形
输入电压波形测试	用示波器测量接线端子 J1 两端的电压波形	电压类型：_____。电压幅值：$V_{P-P}=$_____。电压周期：$T=$_____	
整流后电压波形测试	断开灯泡 L，用示波器测量 B 点电压波形	电压类型：_____。电压幅值：$V_{P-P}=$_____。电压周期：$T=$_____	
锯齿波电路波形测试	用示波器测量 C 点电压波形	电压类型：_____。电压幅值：$V_{P-P}=$_____。电压周期：$T=$_____	
触发脉冲波形测试	用示波器测量 D 点电压波形	电压类型：_____。电压幅值：$V_{P-P}=$_____。电压周期：$T=$_____	